普通高等教育"十一五"国家级规划教材

兽医药理学实验教程

孙志良　罗永煌　主编

U0306081

中国农业大学出版社

主　　编　孙志良　罗永煌

副 主 编　李英伦　宁康健

编写人员　（以姓氏笔画为序）

宁康健（安徽科技学院）

孙志良（湖南农业大学）

李英伦（四川农业大学）

李　琳（安徽农业大学）

罗永煌（西南大学）

陈小军（湖南农业大学）

易金娥（湖南农业大学）

赵红梅（长江大学）

前　言

　　到目前为止,尚没有一本全国统编的药理学实验教程,为了填补该空白,中国农业大学出版社组织编写了本书。本书是首次统编的全国高等农业院校《兽医药理学实验教程》,在内容和编排上,力求紧密结合相应的理论部分,使学生在掌握基本技能的同时,加深对理论知识的理解,并获得严谨的科学实验素养和扎实的实验技能,不仅培养学生综合运用药理学及相关科学知识的能力,而且使学生能够掌握应用现代实验手段研究药理学的科学方法。许多院校自编的实验教程时间较早,而近年来,药理学实验的方法和仪器都有了很大的发展,所以本教程在结合了各兄弟院校的实验内容后,增加了一些常用的新仪器的使用原理和应用知识。本书分三章,内容包括兽医药理学实验的目的、要求、基本知识和技术;兽医药理学总论实验;兽医药理学各论实验。其实验内容分为三个层次,即验证性实验、综合性实验、设计及创新性实验,力争做到实验内容的循序渐进及有机结合。

　　本实验教程内容比教学大纲规定的稍多一些,其中一部分内容可作为参考而不列入课堂实验范围之内。本书共编写了 39 个实验,各兄弟院校可根据自己的情况加以选择。

　　本实验教程除用作高等农业院校的动物药学、动物医学、畜牧兽医专业本科的实验教材外,也可供药理研究生、进修生、畜牧研究人员、医学教学、科研人员以及兽医临床工作者使用。

　　本书编写组成员及所编写内容如下(以姓氏笔画为序):宁康健(安徽科技学院,第三章第二节),孙志良、易金娥(湖南农业大学,第三章第八节、第九节),李英伦(四川农业大学,第一章、第三章第一节),李琳(安徽农业大学,第三章第三节、第七节),罗永煌(西南大学,第二章),陈小军(湖南农业大学,第三章第五节、第六节),赵红梅(长江大学,第三章第四节)。

　　本实验教程于 2006 年被评上普通高等教育"十一五"国家级规划教材,值第一次重印之机,对部分错误之处作了修改。

　　由于编者水平有限,加上时间仓促,本书缺点错误一定还有不少,恳请读者批评、指正。

编写组

2007 年 12 月

目　　录

第一章 兽医药理学实验的目的、要求、基本知识和技术

第一节 兽医药理学实验的目的与要求

一、兽医药理学实验的目的

兽医药理学(veterinary pharmacology)是一门为兽医临床合理用药、防治动物疾病提供基本理论的兽医基础学科,是一门理论性和实验性很强的科学。最早的药理学知识是来源于药物对生命现象的客观观察和科学试验。兽医药理学实验课的目的,在于培养学生具有科学的思维方法和严谨的工作态度。在实验过程中使学生初步掌握兽医药理学实验的基本操作技术,获得兽医药理学知识的科学方法,验证和巩固兽医药理学的基本理论。通过实验逐步培养学生具有客观地对生命现象进行观察、比较和综合分析的能力,以及创新思维和创新能力。

二、兽医药理学实验的要求

兽医药理学实验对象均为活体,既有整体动物也有离体器官或组织,实验结果的影响因素多。为了达到兽医药理学的实验目的,学生必须遵从本门课的六字要求,即"预习"、"规范"和"整理"。

1. 预习 实验前,仔细阅读实验教程和相关参考书,熟悉实验目的、要求、步骤和操作程序,充分理解实验设计原理,结合实验内容复习有关理论知识。

2. 规范 实验过程中,应养成科学的实验态度、严谨的工作作风。实验当中,均应严格按操作规程进行,一切做到规范;不仅做到操作有条不紊进行,而且要保持实验室安静,避免影响别人做实验。

3. 整理 实验结束以后,还应该做到三整理:一是实验用具整理,将所用的器械冲洗干净并擦干后,交还实验准备室;二是仔细整理实验室,将所用的动物尸体、标本、纸片和废弃物品等放到指定地点,剩余药品交还实验准备室;三是认真整理实验结果,对实验过程、实验结果进行仔细分析并撰写实验报告。

第二节 实验动物的种类、捉拿、给药途径与方法

一、兽医药理学实验中实验动物的选择

实验目的不同,实验动物的选择亦不相同。实验动物的种属、品系和个体适合与否,往

往是实验研究成败的关键。一般说来,用于实验研究的动物应具备个体间的均匀性、某些遗传性能的稳定性和来源较为充足这三个基本要求。

(一)常用的实验动物及其特点

1. 青蛙和蟾蜍　为两栖动物,耐受性好。如离体心脏能较持久地规律性跳动,可用于观察药物对心脏的影响。所制备的坐骨神经和/或腓肠肌标本用于观察药物对神经干动作电位、兴奋-收缩耦联及骨骼肌的收缩作用的影响。

2. 小鼠　温顺、繁殖率高,适用于动物需要量大的实验,是药理实验中应用较广的动物。常用于药物筛选性实验、药物的急性或亚急性毒作用研究等。

3. 大鼠　具有繁殖快、心血管反应敏感等特点。用于多种实验模型,如水肿、休克、炎症、心功能不全;经肺灌洗或腹腔灌洗得到的组织细胞可进行多种实验:如观察药物的急性或亚急性作用研究等。但对有关呕吐的实验研究及心电学实验则不适用。

4. 豚鼠　易被组织胺等物质致敏,常用于哮喘模型以及抗过敏药物的研究。豚鼠对结核菌敏感,也用于抗结核菌药的研究。此外,离体豚鼠乳头肌、子宫及肠管亦常用于实验。

5. 家兔　是药理实验中应用最多的动物,常用于循环、呼吸、泌尿和消化实验,并可复制水肿、炎症、休克等多种疾病模型。因家兔对温度变化敏感,也可用于致热源的研究。

(二)实验动物的品系

1. 按动物的遗传学特征分类

(1)近交系:俗称纯种,是指采用20代以上的全同胞兄弟姐妹或近亲(子女与年轻的父母)进行交配后,培养出的遗传基因纯化品系。如近交系的小鼠已有200多个品系。

(2)突变品系:由育种过程中单个基因的变异或将某个基因人为导入或通过多次回交"留种"而建立的品系。已培育成的自然具有某一疾病的突变品系有贫血鼠、肿瘤鼠等。

(3)杂交一代:也称为系统杂交性动物,是指将两个近交系杂交产生的子一代。特点是具有近交系动物的性状和杂交优势。

(4)封闭群:在同一血源品系内不以近交方式而是随机交配繁衍的动物,如新西兰兔。

(5)非纯系:指一般任意交配繁衍的杂种动物,因饲养成本较低,常用于教学实验。

2. 按微生物学特征分类

(1)无菌动物:指动物体内、外均无任何寄生虫和微生物的动物。这类动物是在无菌条件下剖腹取出后在包括空气、食物、饮水等完全无菌的环境中生活。

(2)指定菌(已知菌)动物:即人为给予无菌动物一种或数种细菌,从而使动物带有特定的细菌。

(3)无特殊病原体动物(SPA):指不带某已知病原微生物的动物。

(4)带菌动物:一般自然环境下饲养的普通动物,体内、外带有多种微生物,甚至是病原微生物。但其价格便宜,常用于普通药理学实验。

(三)动物的选择与准备

1. 健康状况　正确地选用动物,是获得理想实验结果的条件之一。根据实验要求,除应考虑到获得动物的难易、是否经济外,首先动物必须健康。动物健康的判断标准是:动物喜食好动,四肢强壮有力,双目明亮有神,反应灵敏,皮毛柔软有光泽,无脱毛、蓬乱现象。眼无分泌物或痂样积垢,肛门干净,体温正常。

2.年龄　动物年龄对实验结果有影响,急性实验一般选用成年动物,因其机能活动和生理反应已达到正常水平,手术耐受性好;若进行慢性实验,还有术后恢复快的优点。而幼龄及老年动物则只用于某些特殊实验。

3.种属选择　具体根据实验内容而定,原则是动物的解剖、生理特点应尽量符合实验要求。例如家兔颈部的迷走神经、交感神经和主动脉神经(又名减压神经)各自成束,适宜于观察动脉血压的神经、体液调节和减压神经放电;而豚鼠中耳和内耳的解剖结构特殊,有利于观察微音器效应和迷路机能实验。

4.性别　根据阴囊内有睾丸下垂(环境温度高时更明显),尿道与肛门距离较远,按压生殖器部位有阴茎露出以及腹部无乳头为雄性;反之,则为雌性。

5.动物实验前准备　一般在进行动物实验前12 h停止喂食,但仍需喂水。若进行慢性实验,还需对动物进行适当的训练,以了解该动物是否适合本实验并使其熟悉环境与实验者。手术前一天要给动物做清洁处理,必要时洗澡,以利消毒,术后要加强喂养与护理。

二、动物实验的一般操作方法

(一)动物的编号、捉拿和固定

1.动物的编号　犬、兔等动物可用特制的号码牌固定于耳。白色家兔和小动物可用3%~5%的黄色苦味酸溶液涂于毛上标号。如编号1~10号时,将小白鼠背部分前肢、腰部、后肢的左、中、右部共9个区域,从右到左1~9号,第10号不涂黄色(图1-1)。如加上其他颜色的染料还可进行1~100号和1~1 000号等更多编号。

2.动物的捉拿和固定

(1)小鼠:右手抓住其尾,放在实验台上或鼠笼铁纱网上,在其向前爬时,左手拇指及食指沿其背抓住两耳及头颈部皮肤,并以左手的小指和掌部夹住鼠尾固定。另一抓法是只用一只手,用食指和拇指抓住鼠尾后再用小指和掌部夹住鼠尾,以拇指及食指捏住其颈部皮肤。前一种方法易学,后一种方法便于快速捉拿(图1-2和图1-3)。

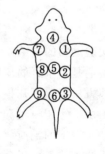

图1-1　小白鼠背部编号

(引自:医学机能学实验教程.白波.2004)

(2)大鼠:以右手或持夹子夹住尾巴,左手戴上防护手套固定头部(防止被咬),应避免用力过大造成大鼠窒息死亡。根据实验需要麻醉或固定大鼠于鼠笼内或用绳绑其四肢固定于大鼠手术板上。

(3)豚鼠:以右手抓住豚鼠头颈部,以拇指和中指从豚鼠背部绕到腋下抓住豚鼠,轻轻扣住颈胸部,左手抓住两后肢(对体重较大的豚鼠则可托起其臀部),使腹部向上。

(4)兔:用手抓起兔脊背近后颈部皮肤,手抓面积应尽量大些,以另一手托起兔的臀部。将兔仰卧固定时,一手抓住颈部皮肤,另一只手顺着腹部抚摸至膝关节处压住关节。另一人将绳子用活结捆绑兔的四肢,使兔腹部向上固定在兔手术台上。头部则用兔头固定夹固定,也可用棉线将兔的门牙固定于兔手术台上的柱子上,后者更常用(图1-4)。

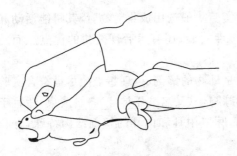

图 1-2　小白鼠双手捉持法
（引自：医学机能学实验教程．白波．2004）

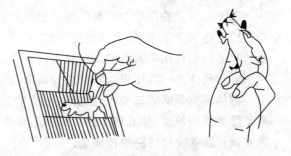

图 1-3　小白鼠单手捉持法
（引自：医学机能学实验教程．白波．2004）

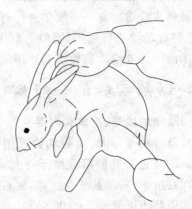

图 1-4　家兔捉持法
（引自：医学机能学实验教程．白波．2004）

（二）实验动物的去毛

动物去毛是手术野的皮肤准备之一。原则是去毛范围应大于手术野，不破坏皮肤的完整性。具体方法有以下几种。

1. 剪毛法　常用于兔和犬去毛。操作时用剪刀紧贴皮肤依次剪毛，切忌提起皮肤，否则将剪破皮肤。剪下的毛应放入盛有少量水的杯中，并可用湿纱布擦去已剪断的毛。

2. 拔毛法　一般用于兔和犬的静脉输液部位。拔毛除使视野清晰外，还能刺激局部血管扩张。

3. 剃毛法　进行动物的慢性实验时用。

4. 脱毛法　用于动物的无菌手术，一般先将手术野的毛剪短，用脱毛液在局部涂一层（注意手不要直接接触脱毛液），待 2～3 min 后用清水洗去脱落的毛，再用纱布擦干后涂一层凡士林。在此介绍两种脱毛液配方。配方 1：硫化钠 3 份，肥皂粉 1 份，淀粉 7 份，加水调成糊状。配方 2：8％的硫化钠水溶液。

（三）给药途径和方法

1. 经口给药　适用于大鼠、小鼠、犬和兔等动物。包括强制灌胃给药和自动口服给药两种。自动口服给药是指将药物拌入饲料或饮水中由动物自动摄入，缺点是剂量难以掌握。而强制灌胃给药因能做到剂量准确被更多采用。

（1）小鼠灌胃法：左手用力适中仰持小鼠，使其头颈部充分伸直，右手将连有小鼠灌胃管的注射器小心自口角插入口腔,用灌胃管压住上腭,使口腔与食道成一条直线,从舌面部紧沿上腭进入食道,注入药物,插管深度约 3 cm。操作时应避免将灌胃管插入气管。灌注量:0.1～0.3 mL/10g 体重。

(2)大鼠灌胃法:左手戴防护手套抓住大鼠头颈部,或同时按压在实验台上固定,右手将连有注射器的塑料导管或经磨平过的针头从鼠的口角处插入口腔,然后再进入食道,插管深度约 5 cm,应避免将导管或针头插入气管,灌药量为 1～2 mL/100 g 体重。

(3)兔灌胃法:利用兔固定箱一手将含嘴(张口器)固定于兔口中,另一手插灌胃管(常用导尿管代替)。如无固定箱,则一人左手固定兔头及身体,右手将含嘴插入兔口中。另一人将导尿管从含嘴中央小孔插入约 15 cm。将导尿管置于盛有少量清水的小烧杯中,如无气泡表示插管正确,此时可将药液慢慢注入。最后注少量空气或干净水使导管中的残余药液全部灌入胃中。灌毕先将导尿管慢慢抽出,最后取出含嘴。兔在灌胃前一般应禁食。灌药量一般为 10 mL/kg 体重。

2.注射给药

(1)皮下注射:对动物而言,常用的注射部位有颈、背、腋下、侧腹或臀部等,最常选用的是背部。注射时左手提起皮肤,右手持针刺入皮下。若针易于左右摆动,表明已刺入皮下即可注药。注意在拔针时应轻按进针部位,避免药液外漏。

(2)皮内注射:是指将药液注入皮肤的表皮与真皮之间。注射时先除去注射部位的毛并消毒,用左手食指和拇指固定并绷紧该处皮肤,右手持针与皮肤呈 30°沿皮肤表层刺入。如注药时有较大阻力,注药部位皮肤鼓起白色小丘表示为皮内注射。

(3)肌肉注射:选择血管和神经主干的肌肉发达部位,如家兔和犬的臀部、股部,大鼠、小鼠或豚鼠的大腿外侧缘。固定动物后持针头与皮肤呈 60°快速刺入,回抽无血即可注射。注药结束后用手轻揉注射部位以促进药物吸收。

(4)腹腔注射:固定动物后选择下腹部左或右(注意避开膀胱)朝头部方向刺入,有突破感或落空感、回抽无血即可注射。

(5)静脉注射:①兔耳静脉注射:拨去耳背面的毛,用手指轻弹皮肤,使血管扩张。用食指和中指夹住静脉近心端皮肤使静脉充盈,同时用拇指和无名指固定兔耳的远心端;另一手持注射器,注射器针头和刻度朝上,在血管的远心端与血管呈 20°刺入静脉(可以无回血)。然后改用拇指和食指、中指将注射器针头固定在兔耳上,另一手持针慢慢注药。若阻力小且血管内药液充盈,说明注药正确。注药前应先排净注射器内的空气,注药速度尽量慢而均匀,从远心端开始进针(图 3-4)。②尾静脉注射:主要用于小鼠和大鼠。鼠尾的三条静脉中,左右两根易于固定,常用于注射。先将鼠固定于鼠笼或倒扣在烧杯中,将鼠尾拉出后用电灯温烤或浸入 40～50 ℃的温水中 1 min,使鼠尾血管充分扩张。选择尾静脉后 1/3 扩张明显的血管从尾端进针,若无阻力,则可将药液缓慢推入。

(6)蛙(蟾蜍)淋巴囊注射法:位于蛙皮下的淋巴囊易吸收药物,常选用腹淋巴囊(或头背部淋巴囊)给药。注射时一手仰卧固定蛙,另一手持注射器自蛙大腿上端刺入,经大腿肌层入腹壁肌层进入腹淋巴囊后注药。

(四)麻醉

在进行动物实验时为了减少痛苦、避免动物挣扎,使实验操作能顺利进行,需对动物进行麻醉。应根据实验动物与实验要求的不同来选择麻醉方式。

1.麻醉方式

(1)局部麻醉:常用2‰普鲁卡因做皮下浸润麻醉,适用于兔等中型以上的动物做表层手术。

(2)全身麻醉:①吸入麻醉,常用3‰乙醚水溶液对大鼠、小鼠和豚鼠进行麻醉。先将动物放在玻璃罩内,内置乙醚棉球,动物吸入后很快拿下即已麻醉。但应注意乙醚麻醉初期常有兴奋现象,刺激性强,易造成分泌物过多堵塞呼吸道。②注射麻醉,可根据具体情况选择静脉、肌肉或腹腔麻醉。详见表1-1。

表1-1　常用麻醉药的用法和剂量

麻醉药名	动物	给药途径	常用浓度(%)	剂量(mL/kg)	持续时间(h)
氨基甲酸乙酯(乌拉坦)	兔	静脉	20	4～5	2～4
	大鼠、豚鼠	腹腔	20	4～5	2～4
巴比妥钠	犬、兔	静脉	3	1	4～6
	大鼠、小鼠	腹腔	1	3～4	2～4
戊巴比妥钠	犬、兔	静脉	3	1	2～4
	大鼠、小鼠	腹腔	3	1～2	2～4
氯胺酮	犬、兔	静脉或肌注	1	0.3～0.5	0.5
	大鼠、豚鼠	腹腔	1	8	0.5

2.麻醉效果与注意事项

(1)麻醉效果:动物呼吸平稳深慢,角膜反射迟钝或消失,肢体肌肉松弛,皮肤夹捏反射消失,说明麻醉适当。即在呼吸、心跳存在时痛觉消失。

(2)注意事项:①不同动物对麻醉药的耐受性存在个体差异,应缓慢注药并密切观察;②手术中动物出现挣扎、尖叫等兴奋现象,观察一段时间后仍然存在说明麻醉剂量不足、麻醉过浅,可补充麻醉药。但一次补药量一般不超过总量的1/3,并应密切观察;③若动物呼吸、心跳骤停或全身皮肤青紫,呼吸浅慢,表明麻醉过量,应立即停止注射麻醉药,可给予人工呼吸和苏醒剂。

第三节　实验动物的采血与处死方法

一、实验动物的采血

(一)小鼠和大鼠

1.尾尖取血　适用于采取少量血样,如血常规检测。取血前应先使鼠尾血管充血。

2.球后静脉丛取血　用左手拇指及中指抓住鼠头颈部皮肤,食指按压眼睛后使眼球轻度突出,静脉回流受阻,眼底球后静脉丛淤血,左手持特制玻璃吸管或连接注射器的粗钝针头,沿着内眦眼眶后壁刺入。刺穿时吸管应由眼内角向喉头方向前进4～5 cm,轻轻旋转再缩回,血液自然进入管内。在得到所需要的血量后,抽出吸管或注射针头。

3.心脏取血　左手抓住鼠背部及颈部皮肤,右手持注射器,在心尖搏动最明显处刺入心脏,抽出血液。也可从上腹部刺入,穿过膈肌刺入心脏取血。

4. 断头取血 如在实验结束后取血,可剪去头或两侧颈总动脉,收集自颈部流出的血液。

(二)兔和豚鼠

1. 兔耳缘静脉取血 局部去毛,用电灯照射加热或酒精或二甲苯棉球涂擦,使静脉扩张,再以石蜡油涂于耳缘,防止流出的血液凝固,用粗针头将静脉刺破或刀切小口后让血自然滴入已放入抗凝剂的试管中。

2. 心脏取血 将动物仰卧,在第三肋间胸骨左缘 3 cm 心尖搏动最明显处将针与胸壁垂直刺入胸腔。当持针手感到心脏搏动时,再稍刺即进入心脏。然后抽出血液。取针时,针头宜直入直出,勿在胸腔内左右摆动,动作应迅速。

二、实验后动物处理

实验结束后需将动物及时处死。大鼠和小鼠可用颈椎脱臼法、断头法等处死;犬、兔和豚鼠可通过静脉注入空气或急性放血等方法致死。处死后的动物或实验完毕后的标本应有专人处理。

第四节 兽医药理学常用仪器介绍

一、分光光度计

(一)工作原理

分光光度计是根据物质对光的选择性吸收来测量微量物质浓度的仪器。其基本原理是溶液中的物质在光的照射激发下,产生对光吸收的效应。物质对光的吸收具有选择性,不同的物质具有不同的吸收光谱,因此一束单色光通过溶液时,其能量就会被吸收而减弱,其吸光度与该物质浓度的关系符合朗伯-比尔定律,用公式表示为:

$$T = I/I_0$$
$$A = -\lg T = kbc$$

式中:T 为透光率,I_0 为入射光强度,I 为透射光强度,A 为吸收度,k 为吸收系数,b 为层液厚度,c 为溶液中物质的浓度。由上可知,当入射波长、吸收系数和液层厚度不变时,吸光度与溶液中物质的浓度成正比。

分光光度计采用单色器来控制波长,单色器可将连续波长的光分解,从中得到任一所需波长的单色光。常用的波长范围为:①200~400 nm 的紫外光区;②400~760 nm 的可见光区;③2.5~25 μm 的红外光区。所用仪器为紫外分光光度计、可见光分光光度计(或比色计)、红外分光光度计或原子吸收分光光度计。常用的有 721 型、722 型和 751 型。

分光光度计可用于常规的吸收光度测定、吸收光谱的扫描、蛋白质含量的测定、核酸的测定等。

(二)常见的几种分光光度计介绍

1. 721 型分光光度计 721 型分光光度计见图 1-5。

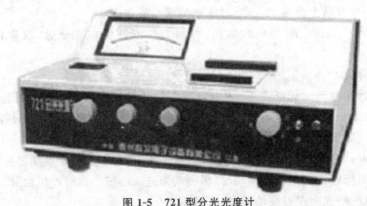

图 1-5　721 型分光光度计

(引自:生理学实验教程.王庭槐.2004)

[使用方法]

(1)在仪器接通电源之前,先检查电表的指针,必须位于"0"刻线上,否则需要用电表上的校正螺丝进行校正。

(2)接通电源,旋转"λ"旋钮,以选择所需用的单色波长。仪器预热 20 min。

(3)打开比色皿暗箱盖,将装有溶液(参比溶液、被测溶液)的比色皿置于比色架中。

(4)选择适当的灵敏度,使参比溶液(一般为蒸馏水)比色皿置于光路位置,调节"0"透光率旋钮,使电表指针在"0"。然后将比色皿暗箱盖合上,调节"100％"透光率旋钮,使电表指针到 100％。重复调节"0"、"100％"几次,待稳定后即可进行被测溶液吸光度的测定。

(5)拉动比色皿架拉杆,使被测溶液处于光路位置,记录电表读数盘中被测溶液的吸光度值。

(6)放大器灵敏度有 5 档,其灵敏度逐档增加,"1"为最低。尽可能采用灵敏度较低档,保证能使参比溶液透光率调到"100％",这样仪器将有更高的稳定性。所以使用时一般选用灵敏度"1",灵敏度不够时再逐渐升高。但改变灵敏度后必须按上述步骤重新校正"0"和"100％"。

(7)如果大幅度改变测试波长时,在调整"0"和"100％"后稍等片刻(因钨灯在急剧改变亮度后,需要一段热平衡时间),当指针稳定后重新调整"0"和"100％"即可工作。

(8)测定完毕,切断电源,用蒸馏水冲洗比色皿,并用擦镜纸吸干表面的水。

[注意事项]

(1)各比色皿的规格尽可能相同,否则将产生测定误差。玻璃比色皿只可用于可见光区,紫外区测定时要用石英比色皿。不能用手拿比色皿的光学面,用后需用蒸馏水或稀盐酸等溶液洗涤,表面只能用柔软的绒布或拭镜纸擦净。

(2)仪器应放在干燥的房间,使用时放在坚固平稳的工作台上,室内照明不宜太强。不要用电扇直接向仪器吹风,防止灯泡发光不稳定。

(3)仪器在使用前先检查放大器及单色器的两个硅胶干燥筒,如受潮变色应更换。

(4)仪器接地应当良好。

(5)仪器停止使用时,在比色皿暗箱内放入两包硅胶。

(6)仪器停止使用时,用塑料套子套住整个仪器,在套子内应放数袋防潮硅胶。

（7）仪器工作较长时间或搬动后，要检查波长精确性，以确保仪器测定的精确性。

2.722 型光栅分光光度计

［使用方法］

（1）将灵敏度调节旋钮调置"1"，此时放大倍率最小。

（2）接通电源，仪器预热 20 min，选择开关置于"T"档（即透光率）。

（3）开启试样室盖（光门自动关闭），调节"0"旋钮，使数字显示为"00.0"。

（4）将装有溶液的比色皿放于比色架中。旋动波长旋钮，把测试所需的波长调节至所需波长刻度线外。

（5）盖上样品盖，拉动试样架拉手，使标准溶液比色皿置于光路位置中，调节"100"旋钮，使数字显示为"100.0"（若显示不到"100"，可适当增加灵敏度的档位，同时应重复调整仪器的"00.0"）。

（6）拉动试样架拉手，使被测溶液比色皿置于光路位置中，数字表读数即被测溶液的透光率（T）值。

（7）吸光度 A 的测量：参照（3）和（5），调整仪器的"00.0"和"100"。将选择开关置于"A"（即吸光度），旋动吸光度调零旋钮，使得数字显示为（.000），然后移入被测溶液，显示值即为试样的吸收光度值。

（8）浓度 c 的测量：选择开关旋至"c"，将已标定浓度的溶液移入光路位置，调节浓度旋钮，使得数字显示为标定值。将被测溶液移入光路，即可由数字显示器读出相应的浓度值。

二、高效液相色谱仪

高效液相色谱法是继气相色谱之后，20 世纪 70 年代初期发展起来的一种以液体做流动相的新色谱技术。

高效液相色谱是在气相色谱和经典色谱的基础上发展起来的。现代液相色谱和经典液相色谱没有本质的区别。不同点仅仅是现代液相色谱比经典液相色谱有较高的效率和实现了自动化操作。经典的液相色谱法，流动相在常压下输送，所用的固定相柱效低，分析周期长。而现代液相色谱法引用了气相色谱的理论，流动相改为高压输送（最高输送压力可达 4.9×107 Pa）；色谱柱是以特殊的方法用小粒径的填料填充而成，从而使柱效大大高于经典液相色谱（每米塔板数可达几万或几十万）；同时柱后连有高灵敏度的检测器，可对流出物进行连续检测。因此，高效液相色谱具有分析速度快、分离效能高、自动化等特点。所以人们称它为高压、高速、高效或现代液相色谱法。

（一）液相色谱分离原理及分类

和气相色谱一样，液相色谱分离系统也由两相——固定相和流动相组成。液相色谱的固定相可以是吸附剂、化学键合固定相（或在惰性载体表面涂上一层液膜）、离子交换树脂或多孔性凝胶；流动相是各种溶剂。被分离混合物由流动相液体推动进入色谱柱。根据各组分在固定相及流动相中的吸附能力、分配系数、离子交换作用或分子尺寸大小的差异进行分离。色谱分离的实质是样品分子（以下称溶质）与溶剂（即流动相或洗脱液）以及固定相分子间的作用，作用力的大小，决定色谱过程的保留行为。

根据分离机制不同，液相色谱可分为液固吸附色谱、液液分配色谱、化合键合色谱、离子交换色谱以及分子排阻色谱等类型。

(二)高效液相色谱仪的组成

高效液相色谱仪由高压输液系统、进样系统、分离系统、检测系统、记录系统等五大部分组成。

分析前,选择适当的色谱柱和流动相,开泵,冲洗柱子,待柱子达到平衡而且基线平直后,用微量注射器把样品注入进样口,流动相把试样带入色谱柱进行分离,分离后的组分依次流入检测器的流通池,最后和洗脱液一起排入流出物收集器。当有样品组分流过流通池时,检测器把组分浓度转变成电信号,经过放大,用记录器记录下来就得到色谱图。色谱图是定性、定量和评价柱效高低的依据。

1.高压输液系统　高压输液系统由溶剂贮存器、高压泵、梯度洗脱装置和压力表等组成。

(1)溶剂贮存器一般由玻璃、不锈钢或氟塑料制成,容量为 $1\sim2$ L,用来贮存足够数量、符合要求的流动相。

(2)高压输液泵是高效液相色谱仪中关键部件之一,其功能是将溶剂贮存器中的流动相以高压形式连续不断地送入液路系统,使样品在色谱柱中完成分离过程。由于液相色谱仪所用色谱柱径较细,所填固定相粒度很小,因此,对流动相的阻力较大,为了使流动相能较快地流过色谱柱,就需要高压泵注入流动相。

对泵的要求:输出压力高,流量范围大,流量恒定,无脉动,流量精度和重复性为 0.5% 左右。此外,还应耐腐蚀,密封性好。

高压输液泵按其性质可分为恒流泵和恒压泵两大类。

恒流泵是能给出恒定流量的泵,其流量与流动相黏度和柱渗透无关。

恒压泵是保持输出压力恒定,而流量随外界阻力变化而变化,如果系统阻力不发生变化,恒压泵就能提供恒定的流量。

(3)梯度洗脱装置。梯度洗脱就是在分离过程中使两种或两种以上不同极性的溶剂按一定程序连续改变它们之间的比例,从而使流动相的强度、极性、pH 值或离子强度相应地变化,达到提高分离效果,缩短分析时间的目的。

梯度洗脱装置分为两类:一类是外梯度装置(又称低压梯度),流动相在常温常压下混合,用高压泵压至柱系统,仅需一台泵即可;另一类是内梯度装置(又称高压梯度),将两种溶剂分别用泵增压后,按电器部件设置的程序,注入梯度混合室混合,再输至柱系统。

梯度洗脱的实质是通过不断地变化流动相的强度,来调整混合样品中各组分的 k 值,使所有谱带都以最佳平均 k 值通过色谱柱。它在液相色谱中所起的作用相当于气相色谱中的程序升温,所不同的是,在梯度洗脱中溶质 k 值的变化是通过溶质的极性、pH 值和离子强度来实现的,而不是借改变温度(温度程序)来达到。

2.进样系统　进样系统包括进样口、注射器和进样阀等,它的作用是把分析试样有效地送入色谱柱上进行分离。

3.分离系统　分离系统包括色谱柱、恒温器和连接管等部件。色谱柱一般用内部抛光的不锈钢制成。其内径为 $2\sim6$ mm,柱长为 $10\sim50$ cm,柱形多为直形,内部充满微粒固定相。柱温一般为室温或接近室温。

4.检测器　检测器是液相色谱仪的关键部件之一。对检测器的要求是：灵敏度高、重复性好、线性范围宽、死体积小以及对温度和流量的变化不敏感等。

在液相色谱中，有两种类型的检测器，一类是溶质性检测器，它仅对被分离组分的物理或化学特性有响应，属于此类检测器的有紫外、荧光、电化学检测器等；另一类是总体检测器，它对试样和洗脱液总的物理和化学性质有响应，属于此类检测器有示差折光检测器等。

5.高效液相色谱的固定相和流动相

(1)固定相：高效液相色谱固定相以承受高压能力来分类，可分为刚性固体和硬胶两大类。

刚性固体以二氧化硅为基质，可承受 $7.0×1\,081.0×109$ Pa 的高压，可制成直径、形状、孔隙度不同的颗粒。如果在二氧化硅表面键合各种官能团，可扩大应用范围，它是目前最广泛使用的一种固定相。

硬胶主要用于离子交换和尺寸排阻色谱中，它由聚苯乙烯与二乙烯苯基交联而成。可承受压力上限为 $3.5\sim108$ Pa。固定相按孔隙深度分类，可分为表面多孔型和全多孔型固定相两类。

①表面多孔型固定相：它的基体是实心玻璃球，在玻璃球外面覆盖一层多孔活性材料，如硅胶、氧化硅、离子交换剂、分子筛、聚酰胺等。这类固定相的多孔层厚度小、孔浅，相对死体积小、出峰迅速、柱效亦高；颗粒较大，渗透性好，装柱容易，梯度淋洗时能迅速达到平衡，较适合做常规分析。由于多孔层厚度薄，最大允许量受到限制。

②全多孔型固定相：由直径为 10 nm 的硅胶微粒凝聚而成。这类固定相由于颗粒很细（$5\sim10$ mm），孔仍然较浅，传质速率快，易实现高效、高速。特别适合复杂混合物分离及痕量分析。

(2)流动相：由于高效液相色谱中流动相是液体，它对组分有亲和力，并参与固定相对组分的竞争，因此，正确选择流动相直接影响组分的分离度。对流动相溶剂的要求如下。

①溶剂对于待测样品，必须具有合适的极性和良好的选择性。

②溶剂与检测器匹配。对于紫外吸收检测器，应注意选用检测器波长比溶剂的紫外截止波长要长。所谓溶剂的紫外截止波长指当小于截止波长的辐射通过溶剂时，溶剂对此辐射产生强烈吸收，此时溶剂被看作是光学不透明的，它严重干扰组分的吸收测量。对于折光率检测器，要求选择与组分折光率有较大差别的溶剂作流动相，以达到最高灵敏度。

③高纯度。由于高效液相色谱灵敏度高，对流动相溶剂的纯度要求也高。不纯的溶剂会引起基线不稳，或产生"伪峰"。

④化学稳定性好。

⑤低黏度（黏度适中）。若使用高黏度溶剂，势必增高压力，不利于分离。常用的低黏度溶剂有丙酮、甲醇和乙腈等；但黏度过低的溶剂也不宜采用，例如戊烷和乙醚等，它们容易在色谱柱或检测器内形成气泡，影响分离。

三、RM-6000 型四导生理记录仪

(一)仪器的功能

RM-6000 型四导生理系统(polygraph system)是一种比较先进的记录仪。属于贵重仪

器,使用前必须了解其性能和使用方法。一台 RM-6000 型四导生理系统可装备 8 个插入式放大器(图 1-6 和图 1-7),可同时扫描显示、描笔式记录四道记录指标和数字式实时显示血压、心率等指标,可联机使用而扩展功能和提高效率。选用换能器品种和放大器可适应多种实验指标的要求。用于记录多种压力、张力、流量和生物电指标如血压、心率、血流量、血管容积脉搏、心音、心电、脑电、肌电、肌收缩等。

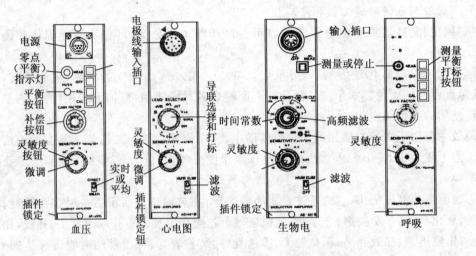

图 1-6　四种常用指标测量记录的放大器

(引自:生理学实验教程.王庭槐.2004)

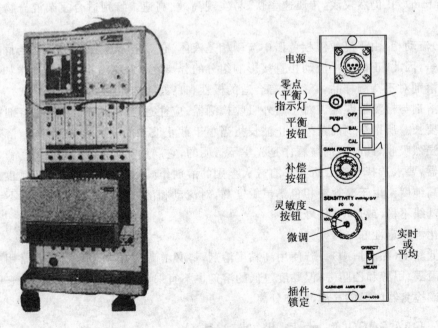

图 1-7　四导仪面板及血压放大器的面板图

(引自:生理学实验教程.王庭槐.2004)

RM-6000 型四导生理记录仪各放大器为标准插口的插入式结构,可按实验需要将放大器插入其中 8 个插口位置,由调节部分的按钮指定放大和观察记录的插入位置,通过内插式导程选择板的连线可以进行放大器之间的信号传递,组合成功能更加强大和便于应用的系统。

(二)使用方法

1. 开机前检查　总电源开关、VC-监视示波器、放大器箱、笔写记录仪各电源开关与仪器接地。实验需要的换能器、放大器齐备,各相关放大器的盒内连接(由技术员专门负责)。描记装置:记录纸、墨水和描笔尖。

2. 实验前准备　开总电源开关,指示灯亮→自上而下开通各分电源开关→常规检查记录部分(走纸开关、零线或基线和打标)。放大器的测量:各换能器与动物(或标本)按规定连接备用。按下各放大器测量按钮,信号经放大器处理输出,先从监视示波器上观察波形,如正常则启动描记装置记录实验各阶段的结果。

3. 实验结束操作　实验结束,将各放大器的测量按钮关闭(或将灵敏度调至最低)。由各分开关到总开关依次关电源。处理实验结果及清洁仪器。

(三)四导生理记录仪的常用操作应用举例

1. 动脉血压　描记动脉血压选用载波放大器 AP-601G。平均动脉压可通过接线盒内的导线连接在另一放大器上显示。

(1)血压换能器的使用:血压的变化通过动物动脉插管内的液体传递到换能器的压力感应膜上,进而转化为电信号的变化,所以实验前须用含抗凝剂的液体排空血压换能器及其动脉插管中的气体。排气的方法是:血压换能器上有位置一直一斜两个三通管接口,动脉插管固定在直的一侧。清楚三通管旋钮的三方向开和一方向关(OFF)装置。动脉插管端向上,两接口三通均开,从斜接口端三通口插入装有抗凝液体的注射器,将注射器内的生理盐水缓缓向血压换能器内注入,把管腔内的气体向动脉插管排出至液体流出,使血压换能器和全部管道无气泡。按住斜接口端三通口的另一出口,旋钮将三通管通向压力换能器的方向关闭(防止气体从此开口再进入)。注意:在排除血压换能器内的气体时,动脉插管端三通管必须与外界相通;注入液体要缓慢,以免压力负荷过高而损坏压力换能器。

(2)血压放大器的使用:使用前先备好换能器,然后进行以下调定,此时放大器按钮置"OFF"。

零点(平衡)调节血压放大器指示灯为红色,血压换能器的插管通大气,按下平衡按钮(BAL),放大器的指示灯由红色变绿色,放大器已将换能器的压力默认为零血压。注意:在记录过程中,不能随意按此平衡钮,以免仪器重新置零点,当时动脉血压为新的零血压,使测定无法继续。

定标和灵敏度选择等定标按钮(CAL)按下后,内标电压输出(显示器显示)使笔写记录仪记录笔应记录 20 mm 幅度的放大(如不在 20 mm,请技术员对灵敏度旋钮(SENSITIVI-TY)中心的微调校正调节)。灵敏度按钮在 100~2 mmHg(1 mmHg=133.322 Pa)范围可选,选定值记录纸上为 1 cm。一般动物血压约 120 mmHg,所以宜选 100~50 mmHg(13.3~6.65 kPa)/DIV。波形开关在 DIRECT 测量瞬时血压;在 MEAN 测量平均血压变化。

2. 心率　记录心率选用心率计数器 AT-601G。用动脉脉搏波或心电 R 波触发记录每分钟的心跳频率。

心率计数器的使用:使用前心率计数器放大器按钮置"OFF"。据被测动物的心跳频率,可设定上限（UPPER）和下限（LOWER）警报数。按下上限警报钮（UP）或下限警报钮（LO），调节 UPPER 或 LOWER 旋钮，即可分别设定上限或下限的心跳警报数。选择合适的灵敏度，一般选 100 BEAT/min。接连接盒的 CAL 钮，此时心率计数器可显示 100，记录仪可偏转 10 mm（灵敏度为 100 时）。

3.血流量　记录动脉血流量选用电磁血流量计。如把电磁血流量计的输出线接于四导生理记录仪的资料记录连接板的第四导输入插口上，并按下其按钮。这样，电磁血流量计的信号才能输入到四导仪上显示并在笔写记录仪上记录出来。

四、计算机化生物信号采集与处理系统

计算机化生物信号采集与处理系统应用最新的电脑集成化（集成电路和即插即用）和可升级、扩展功能的软件技术，实现了晶体管旧式线路仪器的放大器、示波器、记录仪、刺激器等性能低的仪器经一定组合才可实现的生物信号观测与记录，成为 21 世纪新一代生物信号采集、放大、显示、记录与分析的功能全面和方便使用的实验系统（图 1-8）。自 20 世纪 90 年代末临床应用的仪器已广泛电脑化，学生尽早掌握此类仪器有利于基础与临床的衔接。

按操作系统可分为 Dos 和 Windows 两大类型。Dos 操作系统的计算机化生物信号采集与处理系统开发较早，要求的硬件条件低，运行需求资源少和稳定。Windows 操作系统的计算机化生物信号采集与处理系统为 20 世纪 90 年代中末期开发的产品，适应了当前计算机硬件、软件高速发展和网络化信息技术的需求，其功能得到进一步的完善和扩展。例如能与 Windows 下的各种不同类型软件共享，实现强大的图形分析和统计处理，能以各种形式网络化组合建成功能更强大的网络课室，成为能实现"实验数据采集＋数据统计分析＋多媒体教学＋教学管理"一体化的现代化实验教学实验室，适用于现代医学院校生理学实验教学以及相关学科的教学科研工作。

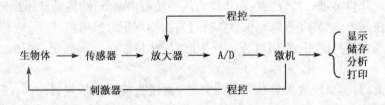

图 1-8　计算机化生物信号采集与处理系统示意图

（引自：生理学实验教程. 王庭槐. 2004）

(一)计算机化生物信号采集与处理系统的主要特点

与以往电子实验仪器相比较，计算机化生物信号采集与处理系统由于充分利用计算机高速数据处理的特性进行高速采样，利用屏幕显示实现示波观察，以及利用软件的功能实现选择性剪辑、统计处理数据的图形分析和统计输出，使输出打印的结果简明扼要。总之计算机化生物信号采集与处理系统具有以下独特的优点而特别适合于教学科研工作。

1.应用广　可记录慢速的传感器信号和快速的生物电信号。同时具有台式自动平衡记录仪、多导记录仪、示波器和刺激器的功能。

2.功能强　通用程控高增益（2～80 000 倍）；A/D 转换器、程控刺激器一体化。

3.操作易　系统软件为 Windows 操作系统或/和图形操作界面,与流行计算机软件一致,会用电脑即会使用。

可实现 Windows 下多任务同时执行、软件之间数据共享,可方便地将实验结果分析、统计和实验图形嵌入到 Windows 的系统支持的 Microsoft Word 等文档编辑软件中。

4.支持网络　可应用最新网络信息技术,实现网络课室教学,实验数据在局域网互相传输,实现实验组之间的数据交流和打印机等资源共享。随时取得网络服务器的教学多媒体等资源,实现教学的自动化和个体化在线辅导。

(二)模块特点

1.程控放大器　程控放大器放大倍数高、抗干扰能力强,记录的数字化数据可以在实验结束后处理。其抗干扰性、可靠性等指标大大高于普通生物电放大器。同时放大器的增益、滤波和时间常数等仪器参数可以用配置文件快捷设定或在实验时个别调节。

2.软件系统　模块化程序设计,全中文下拉菜单以及键盘与鼠标兼容的操作方式,易于掌握。多种方式采样,实时存盘,具有数字滤波、自动分析、项目标记、波形编辑、打印输出和在线帮助等项功能。

3.记录的反演与模拟　反演功能可以反复观察实验记录内容,也可以进一步剪辑成实验课多媒体课件。一些实验项目有模拟实验内容(实际相当于实验的多媒体课件),便于学生阅览没有安排操作的实验。记录的反演与模拟实验是传统的仪器所没有的功能,对开展远程教育、扩大学生的知识面有很大实用价值。

4.参数配置　做一项实验,按实验要求将放大倍数、滤波、时间常数、采样周期和刺激参数选择好,通过实验得到好的效果后,即把当时设置的参数存为软件的配置文件,供以后实验调用。在每次实验结束关机时,本系统将自动保存当时实验参数为默认配置,简化了同类实验的操作步骤。

5.信息处理　软件系统充分发挥计算机的特点,附有微分、积分、均值、方差、计数、滤波等实验数据统计分析处理功能。操作项目可通过鼠标直接标记在记录曲线上,并可自由编辑、修改或删除其内容。

6.操作提示　对实验步骤、手术操作及注意事项提供在线智能化提示,随操作过程以文字等形式在提示栏显示,可帮助学生较准确地掌握仪器的应用,提高操作水平,并获得较好的实验记录结果。

7.操作指南　技术人员要在仪器购置后完成放大器的增益、调零和定标功能调定,并用程序密码等将增益和定标功能锁闭,以防学生改动。学生在实验开始前需检查零基线等指标,但是在实验过程中不要随便改变仪器参数,以免影响测量结果。

8.剪贴　实验结束后,对记录曲线重新剪辑,在编辑之前先将原始数据存盘备份。用鼠标拖动(按住左键)选择需要的部分,经重构后,重组记录曲线。剪辑可反复进行。如对重构结果不满意,可后退复原,重新剪辑直至满意为止。在剪辑时改变曲线的前后顺序要慎重,以免变更原来结果。

9.注意事项　国产的本类仪器系统配套要求使用时的计算机外壳须接安全地线以及只适用于动物实验。

10.配置和保存配置　按照仪器软件系统提供的通道和指标等可以灵活配置各种适宜

实验需要的[配置]，即实验的控制参数组合。将此符合实验需要的[配置]用文件菜单栏的[保存配置]功能保存成为模块，可以供以后随时调用。

（三）PcLab 系统

1.系统组成简介　PcLab 系统由硬件数据采集卡、四导生物信号程控放大器、程控刺激器和配套软件（支持 Windows 平台）等组成。系统软件为规范的 Windows 图形界面，具有数据采集、作图、分析、处理一体化。操作简便易用。对采样的数据可方便地使用鼠标进行屏幕测量或动态显示计算结果，并可共享 Windows 其他软件资源。PcLab 系统与计算机配合，功能相当于一台四线记忆示波器或四导记录仪加程控刺激器及多种实验数据分析处理软件，能够在 Windows 操作系统下实现多通道实时采样、动态显示波形、自动写盘。

（1）系统硬件介绍：PcLab 生物信号采集处理系统硬件由 NSA-Ⅳ型智能数据采集卡和 SY 3802 四通道教学、科研通用型前置程控放大器两部分组成。其中放大器集程控放大、程控刺激为一体，所有参数全部实现软件实时程控，无需传统仪器面板的旋钮调节。

（2）软件介绍：PcLab 生物信号采集处理系统应用程序是集信号采集与处理为一体的 32 位多任务软件，与 Windows 操作系统有很好的兼容性，安装、调试、使用简单、快捷，功能完备。该软件有以下性能优点：

①自主开发的与系统硬件相匹配的虚拟驱动程序，具备了真正的 Windows 应用程序的底层驱动部件。

②软件界面为微软标准图形界面模式，对使用 Windows 的用户易学易用。一般只需用鼠标操作即可完成实验的仪器采样、数据处理和打印实验结果的全过程。

③可以同时满足科研和学校的实验教学。应用范围广，适用性强，可以替代刺激器、纸带记录仪和记忆示波器等仪器。各项实验参数可定义为配置文件或预设在实验定制模块中，一打开即可默认设定的仪器参数而立即进行实验。可边采样边记录存盘，可进行长时间采样记录（只受硬盘空间限制）。

④支持多窗口、多实例运行和边采样边处理。实现了 WINDOWS 下数据共享、资源共享的特色。如可直接调用画图板、记事本、计算器以及其他应用软件如 WORD、EXCEL、ACCESS 和 SPSS 等软件共享图形和数据。按 EXCEL，ACCESS 等格式将实验数据结果存盘。

2.系统信号的使用

（1）信号转换。首先，通过传感器把生物信号（生物电信号无需传感器转换可直接输入）转换为电信号，通过程控放大器将原始信号放大、滤波、调理为采集卡所要求的指标，经模数转换，将信号转为数据，通过虚拟驱动程序取出数据并进行处理，通过显示处理子程序，存盘，将数据转换为图形显示在屏幕上。需要时还可随时将数据调出或打印或观察处理。

（2）PcLab 软件包启动。可采用下述两种方式中的一种启动：①双击 Windows 桌面上 PcLab 图标，应用软件即可开始运行。②单击 Windows 操作系统桌面左下角开始按钮，再选中程序下的 PcLab 目录的 PcLab 图标，应用软件开始运行。

（四）PowerLab 系统

PowerLab 系统是一种 Windows 操作平台的电脑化的数据采集和分析系统，有 2、4 和 8 通道各种型号可供实验需要应用。PowerLab 系统作为高品质的系列产品，目前在国内还属于科研应用为主的贵重仪器。

PowerLab 系统为独立于电脑的外置式仪器,有信号处理和功能放大两部分。与计算机组合以后,信号处理部分可将<10 mV 的各种仪器信号进行数据的转换和多种分析处理。如与日本"RM-6000"型生理多导仪或美国 Gould 系列仪器联机使用。功能放大为专用的放大器组件,型号多样而适合不同实验需求购买需要的组件,逐步建设成实验系统。

第五节 实验设计、实验报告及实验论文的撰写

一、实验设计

兽医药理学实验课不仅通过学生自己动手做一些已经设计好的实验来验证理论课所学的知识并获得进行实验的基本操作技能,更重要的是让学生体验进行实验研究的全过程,培养学生自己设计实验,进行探索性科学研究的基本素质。因此,在兽医药理学实验课程中,将要求学生自己进行探索性实验设计,完成所设计的实验及资料整理、论文撰写工作。

实验设计的基本程序包括选题、制定实验方案、技术路线、实施过程、数据整理和资料总结。关于数据处理和资料总结,前文中已作讨论,不再重复。此处重点讨论选题和制订实验方案。

(一)选题

选题(或称立题)就是要确定所要研究探索的科学问题,是科学研究工作中的第一项重要步骤,其过程包括发现和提出问题、分析问题、提出自己的工作假说。

1.选题的原则 科学研究的选题应具有目的性、创造性、科学性和可行性。

(1)目的性:选题应明确、具体地提出拟解决的科学问题,应具有明确的理论和实践意义。

(2)创造性:创新是科学研究的灵魂。选题的创新性在于有新的发现、获得新的理论或实践的突破、建立新的技术方法,或发明创新等。

(3)科学性:选题应有充分的科学依据,不违背已证实的基本的科学原理,不是毫无根据的胡思乱想。

(4)可行性:选题应能实现可行,现有的主客观条件可以满足,使得所选定的课题能够得到物化的实验工作证实。

2.选题确立的过程 选题确立的过程就是新的学术思想产生的过程。首先,要对所涉及领域的现状和背景进行了解,通过检索、查阅有关的文献资料并进行综合分析,了解前人或他人在这一领域已做的相关工作、已取得的成果及尚未解决的问题、目前的进展和动向。在此基础上,找出需要解决的重要问题作为自己的研究课题。总之,选题时应明确这样几个问题:①为什么要研究这个问题(科学意义);②目前对这一问题的研究现状如何,以及还存在哪些问题;③本课题的理论和实践依据是什么。

选题确定后,必须在理论上对所拟解决的问题做出解释和预期答案,就是提出一种学术观点或本课题的工作假说。假说的建立必须具备以下条件:详细地掌握材料;活跃、清晰的逻辑思维;理论模型可以经实验证伪,即可以用具体实验手段来验证的设想。由于事物的复杂性和多样性,对某些复杂的问题,不同的人可能提出不同的假说。在科学验证过程中,假说不是僵化不变的,需要及时做出修改或补充。科学假说是不断被证伪、修改和补充的,对

此应有科学的态度,这也是科学与伪科学最大的区别所在。

(二)实验方案制订

选题和工作假说确定后,要将选题思想转化为具体的研究目标和围绕该目标所展开的研究内容;选择具体的研究方案、采用的方法技术和观察指标来实现研究内容;提出总体的工作(或工艺)流程:先做什么、后做什么,分几种处理观察等,这就是技术路线。概括起来,即在实验设计时要考虑的三个要素:处理因素(即调查事物变化的原因),受试对象,实验效应(用何种方法和什么指标才能观察到处理因素引起受试对象的变化)。

1. 实验设计的三大原则　在设计考察处理因素的作用时,必须遵循对照、随机、重复三大原则,以避免和减少实验误差,取得可靠的实验结论。

(1)对照原则:要确定处理因素对实验指标有无影响,必须设置对照组(control group)。除处理因素以外,处理组和对照组的其他所有条件应力求一致(齐同比较),因而才具有可比性。对照的形式有:①空白对照,不给受试对象以任何处理;②设处理对照,经同样的麻醉、注射、假手术、分离等,但不用药或不进行关键处理,其他条件尽可能同实验组一致;③安慰剂对照和溶剂对照,安慰剂是在形状、颜色、气味与试验药物相同,但不含试验药成分的制剂。可避免心理因素影响,或服药或溶剂本身影响导致实验结果的偏差;④历史对照,用以往的研究结果或历史文献资料作为对照;⑤自身对照,测定某药物的效果,以给药前的自身指标作为对照;⑥标准对照和相应对照,选择经典的、标准的方法或药物作为对照,此种对照为阳性对照,以比较观察因素的效果。在实验应用中,以上几种对照方式可以根据具体情况联合使用,但又要尽量减少不必要的分组,以避免无谓的增加工作量和增加物质消耗。

(2)随机原则:随机是使每个实验对象在接受分组处理时具有相等的机会,使各种因素对各研究对象的影响一致。通过随机化,不仅可以减少抽样误差,还可使各组样本的条件尽可能一致,消除或减少组间的人为误差。

(3)重复原则:客观、可靠的实验结果可以在同样的实验条件下重复出来(重现性),才能证明所揭示的规律的必然性。这就要求实验要有一定的例数(重复数)。重复性可用统计学中显著性检验的值来衡量,如 $p \leqslant 0.05$,提示差异的不可重现的概率小于或等于5%。重复数应适当,过少固然不行,过多也造成浪费。

2. 疾病模型

(1)疾病模型的种类一般包括:①疾病的整体动物模型;②离体的器官和组织;③细胞株;④数学模型(数字化虚拟)。

(2)复制疾病动物模型的原则:形似性、重现性、易行性、经济性、可行性。

(3)动物选择要点:①廉价的动物;②一般以纯种为好;③动物的健康、营养状况良好;④动物的年龄、性别等尽量一致。

3. 实验效应　被试因素作用与受试对象引起的实验效应,只有通过选择合适的具体的实验方法、获得相应的效应指标来体现。

(1)实验方法:按性质可分为机能学方法、形态学方法等;按学科可分为生理学方法、生物化学方法、生物物理方法、免疫学方法等;按范围可分为整体综合方法、局部分析法;按水平可分为整体、器官、细胞、亚细胞、分子、量子水平等。

(2)实验观察指标:是指在实验观察中反映研究对象的某些可被仪器检测或研究者感知

的特征或现象标志。实验观察所选择的指标应符合下列基本条件：①特异性，指标应能特异性地反映某一特定的现象而不易与其他现象相混淆。特异性低的指标容易造成"假阳性"。②客观性，尽可能的选用具体数字或图形表达的客观指标，尽量避免主观感觉性指标。③重现性，即重复观察时偏差小，数据离散度小，与仪器的稳定性、操作误差、受试者状态、实验条件影响有关。④灵敏度，灵敏度高的指标能使处理因素引起的微小效应显示出来；反之，灵敏度低的容易出现"假阴性"。⑤认同性，尽量采用能被学术界同行公认的指标。

(三)常用的实验设计分组方法

1. 完全随机设计　完全随机设计把实验对象完全随机地分配到各处理组及对照组中。因其仅涉及单个处理因素，故又称单因素设计。可分为 2 组或 2 组以上，各组的列数可相等，也可不等。实施的方法有抽签法与随机数字表法。完全随机设计的数据分析，可按单因素方差分析法(F 检验)，如只有两组可用 t 检验，量反应数据常用 X^2 检验。

2. 配对设计　配对设计将受试对象按相似条件配对，再随机分配每对中两个受试对象到两个组。常将同窝、同性别、体重相近的功能配对。配伍设计视配对设计的扩大，每一配对组的动物数在 3 个或 3 个以上，各配伍组的例数为组数。本设计涉及 2 个处理因素，又称双因素设计。

3. 拉丁方设计　拉丁方设计涉及三个因素，按一个 $N \times N$ 拉丁方阵设计：

$$\begin{array}{cccc} A & B & C & D \\ B & A & D & C \\ C & D & B & A \\ D & C & A & B \end{array}$$

每行每列均有 ABCD 四种处理，不重复也不遗漏，比配伍设计更均衡。故设计误差更小，效率很高，特别适用于离体标本，可消除标本间及用药次数间的干扰。拉丁方设计的数据可做三个因素方差分析。

4. 正交设计　要分析的处理因素多时可用正交设计，以提高实验效率，节省实验次数。正交设计利用一套正交设计表，将各处理因素于各水平间各组合均匀搭配、合理安排，是一种高效、快速的多因素实验方法。正交设计一般为 $L_9(3^4)$、$L_8(2^7)$ 等，L 表示正交表，L 的右下标表示实验次数，括号内的数字表示水平数，右上角表示因素数。如 $L_8(2^7)$ 表示 8 次实验，每个因素有 2 个水平，可安排 7 个因素。

二、实验报告及实验论文的撰写

实验报告及实验论文的撰写是对实验结果的总结，是表达实验结果的一种形式。书写实验报告是一项重要的基本训练，是学习书写实验研究论文的基础。通过书写实验报告，学生可以熟悉撰写科研论文的基本格式，学会绘图制表方法；学习如何应用相关理论知识和查阅相关文献资料，对实验资料进行整理分析，得出实验结果。

(1)书写实验报告应注意内容真实准确，文字简练、通顺，书写整洁，标点符号、外文缩写、度量单位准确、规范。实验报告的一般格式为：

①姓名、专业、年级、班次、组别；

②实验序号和题目、日期、实验室温度和湿度；

③实验目的；

④实验原理；

⑤实验对象；

⑥实验药品与器械；

⑦实验方法与步骤；

⑧实验观察项目；

⑨讨论；

⑩结论。

(2)实验研究论文的格式为：

①论文题目；

②姓名、单位、邮编号；

③中文摘要；

④引言；

⑤材料与方法；

⑥结果；

⑦分析讨论；

⑧参考文献；

⑨英文摘要。

第二章 兽医药理学总论实验

实验一 常用药物制剂的调制与兽用处方的书写

一、实验目的

通过实验,学习葡萄糖注射液、酊剂、醑剂、搽剂和软膏剂在实验室调制的基本方法及注意事项。了解兽用处方的一般知识,掌握兽用处方的开写及注意事项。

二、实验原理

1. 制剂 是依据《中华人民共和国兽药典》、《中国兽药规范》或《兽药质量标准》(农业部编)等所收载的处方而制备的一定规格的药物制品,如10%葡萄糖注射液、盐酸左旋咪唑片等。

2. 剂型 一般指制剂的形态,兽用常见剂型按其形态分为液体剂型、固体剂型、半固体剂型和气体剂型。如注射液、酊剂、醑剂、搽剂、芳香水剂、溶液剂、煎剂、胶浆剂和乳剂等,均属液体剂型;片剂、丸剂、散剂、预混剂和胶囊剂等,属固体剂型;软膏剂、糊剂和舔剂等,属半固体剂型;气雾剂、吸入剂等,属气体剂型。

注射剂,是指灌封于特别容器中的灭菌药物溶液、混悬液、乳剂或粉末(粉针剂),如5%葡萄糖注射液等;酊剂,是指用不同浓度乙醇浸泡生药或溶解化学药品而制成的醇溶液,如5%碘酊等;醑剂,是指挥发性有机药物的醇溶液,如樟脑醑、芳香氨醑等;搽剂,是指刺激性药物的醇性或油性液体,如氨搽剂、四三一搽剂等;软膏剂,指药物与适当基质(如凡士林、淀粉)均匀混合而制成的一种外用半固体剂型,如鱼石脂软膏等。

三、实验材料

1. 葡萄糖注射液的制备 输液瓶,橡胶塞,铝盖,涤纶薄膜,玻棒,烧杯,电子秤,量筒,电炉,绸布,脱脂棉,滤纸,玻璃漏斗,垂熔玻璃滤球(G_3),真空泵,酸度计,高压灭菌锅,标签,注射用葡萄糖,活性炭,0.1 mol/L 盐酸,1%HCl,2%NaOH,清洁液。

2. 碘酊的制备 乳钵,电子秤,量筒,棕色磨口瓶,碘,碘化钾,75%乙醇。

3. 樟脑醑的制备 电子秤,10 mL 量筒,玻棒,樟脑,75%乙醇。

4. 搽剂的制备 10 mL 量筒,刻度吸管,10%氨水,蓖麻油,松节油,樟脑醑。

5. 鱼石脂软膏的制备 软膏板,软膏刀,电子秤,鱼石脂,凡士林。

四、实验步骤

(一)常用药物制剂的调制

1. 葡萄糖注射液的制备

处方:注射用葡萄糖 　　　27.5 g

活性炭	0.5 g
0.1 mol/L 盐酸	适量
注射用水	加至 500 mL

配法:取注射用水约 150 mL,加入含一分子结晶水的注射用葡萄糖 27.5 g,稍加热,搅拌使其溶解。用 0.1 mol/L 盐酸调节 pH 值至 3.8~4.0(用酸度计测试),向溶液中加入活性炭 0.5 g,搅拌均匀后,加热煮沸 10~15 min,趁热用绸布垫脱脂棉和双层滤纸连续过滤,滤液直接流入输液瓶中,补加注射用水至 500 mL,再用垂熔玻璃滤球(G₃)抽滤。瓶口盖上涤纶薄膜和橡胶塞,轧上铝盖,贴标签,于 115 ℃,10 磅/英寸²(1 磅=453.59 g,1 英寸=0.025 4 m),灭菌 30 min。

2. 碘酊的制备

处方:碘　　　　　2.5 g

碘化钾　　　5.0 g

蒸馏水　　　3 mL

75%乙醇　　加至 50 mL

配法:取蒸馏水约 3 mL,置乳钵内,加入碘化钾 5 g,搅拌使其溶解并形成饱和或过饱和溶液;加入碘 2.5 g,研磨,使其彻底溶解,转入量筒内,用 75%乙醇稀释至 50 mL,混匀。置棕色玻璃磨口瓶中,密闭保存。不可用木塞或橡皮塞。

3. 樟脑醑剂的制备

处方:樟脑　　　　0.4 g

75%乙醇　　加至 4 mL

配法:取樟脑 0.4 g,置 10 mL 量筒内,加入 75%乙醇至 4 mL,搅拌溶解即可。

4. 搽剂的制备

(1)氨搽剂:

处方:10%氨水　　0.75 mL

蓖麻油　　　2.25 mL

配法:取 10%氨水 0.75 mL 和蓖麻油 2.25 mL 混合均匀即可。

(2)四三一搽剂:

处方:樟脑醑　　　4 mL

氨搽剂　　　3 mL

松节油　　　1 mL

配法:量取氨搽剂 3 mL 置 10 mL 量筒内,加入松节油 1 mL 混合均匀,再缓缓加入樟脑醑 4 mL,边加边搅拌,至均匀即可。

5. 20%鱼石脂软膏的制备

处方:鱼石脂　　　2 g

凡士林　　　8 g

配法:取鱼石脂 2 g、凡士林 8 g,置软膏板上,用软膏刀将其混合均匀即可。

(二)兽用处方的书写

1. 处方的概念　　处方是兽医为了防治畜禽疾病而书写的药单。处方的意义在于写明药物的名称、数量、制成何种剂型以及用量、用法等,以保证药剂的规格和安全有效。处方应保存一定时间以备考查。

2.处方的格式

(1)登记部分:在处方签的上方须逐项填写病畜所属单位,畜主姓名,畜别,年龄,性别,体重,门诊日期,门诊号或住院号,有的还须填写品种、毛色、用途、特征和主要症状等。

(2)处方部分:

①在处方的左上角先写上 Rp 或 R 符号,此为拉丁文 Recipe 之缩写,代表"请取"或"处方"之意。

②在 Rp 之后或下一行,写出药物制剂的名称、规格和剂量。每药一行,逐行书写,剂量一律用阿拉伯数字,并且小数点要对齐,如果是整数,则在整数后面加小数点和零。处方中规定,固体药以"克"为单位,液体药以"毫升"为单位时,则不必写出。但如果用"克"、"毫升"以外的单位(如 mg,kg,IU,L)时,则必须写出。同一处方中书写几种药物时应按它们的作用性质依次排列,即主药在前,佐药、矫正药和赋形药在后。

③处方内药物书写完后,兽医人员应对调剂师或畜主指出药物的配制方法和给药方法,如:每日给药次数,每次用量,是否连续用药等。

(3)签名部分:兽医人员在处方开写完毕和调剂师配制药物完毕,应仔细检查核对,先后在处方笺的最后部分签名,以示负责。

3.处方的种类

(1)法定处方:书写中国兽药典或中国兽药规范上收载制剂的处方叫法定处方。它具有法律约束力,对制剂的组成、浓度、用量、用法等,都有明确规定。书写时只写出药物的名称、剂量和用法即可。如复方龙胆酊、氧化锌钦膏等。

(2)医疗处方:兽医人员根据患畜的病情而书写的各种不同组合的处方叫医疗处方。这种处方在中国兽药典或中国兽药规范上是没有规定和现存的。开写处方时必须写出药物名称、剂量、配法和用法等。

(3)协定处方:由某单位兽医师与药房人员事先协商制定的有效而常用的处方,一般需提前配制,以便应用。书写时只写出名称、剂量、用法即可。例如健胃合剂等。

4.处方举例

例1.水牛一头,体重 400 kg,发病 3 天,表现反刍减少、食欲减退、瘤胃蠕动减慢、大便秘结等。

Rp　(1)复方龙胆酊　　　　　150.00

　　　陈皮酊　　　　　　　100.00

　　　常水　　　　　　　　适量

　　　用法　　　　　　　　饲前一次灌服

　　(2)10%氯化钠注射液　　300.0

　　　用法　　　　　　　　一次静脉注射

　　　　　　　　　　　　签名:　　　兽医(兽医师)

　　　　　　　　　　　　_____年_____月_____日

例2.乳牛一头,体重 450 kg,生产后阴道外翻,胎衣不下。

Rp　(1)10％明矾水　　　　　1 000.00
　　　用法　　　　　　　　洗涤患部
　　　(2)麦角新碱注射液　　5 mg/10 mL×3
　　　用法　　　　　　　　一次肌肉注射
　　　(3)盐酸土霉素　　　　5.0
　　　　5％葡萄糖注射液　　500.0
　　　用法　　　　　　　　混合溶解后一次静脉注射

　　　　　　　　　　　　签名：　　　　兽医(兽医师)
　　　　　　　　　　　　_____年_____月_____日

例3.猪一头,体重80 kg,患猪丹毒。
Rp　青霉素G钠　　　　　　160万 IU
　　　注射用水　　　　　　10.0
　　　用法　　　　　　　　混合溶解后一次肌注

　　　　　　　　　　　　签名：　　　　兽医(兽医师)
　　　　　　　　　　　　_____年_____月_____日

例4.犊牛一头,患消化不良症。
Rp　胃蛋白酶　　　　　　　2.0
　　　稀盐酸　　　　　　　　5.0
　　　常水　　　　　　　　　100.0
　　　用法　　　　　　　　一次灌服

　　　　　　　　　　　　签名：　　　　兽医(兽医师)
　　　　　　　　　　　　_____年_____月_____日

例5.羔羊一只,患白肌病。
Rp　醋酸维生素E注射液　　5％—2.0×2
　　　用法　　　　　　　　隔日一次肌肉注射,每次2 mL

　　　　　　　　　　　　签名：　　　　兽医(兽医师)
　　　　　　　　　　　　_____年_____月_____日

五、注意事项

(一)葡萄糖注射液的制备

1.器材的处理

(1)玻璃器材(如输液瓶,量筒,烧杯,玻棒,漏斗等)的处理:水洗→洗衣粉刷洗→自来水刷洗→注射用水清洗。其中回收输液瓶的清洗:先用洗衣粉刷洗,自来水清洗,清洁液浸泡24 h后,用自来水清洗,再用注射用水清洗2或3遍,当瓶内无水珠挂壁,可认为已洗干净,否则重新洗涤。

(2)橡胶塞的处理:由于橡胶塞中含 $CaCO_3$、ZnO、$ZnSO_4$、$BaSO_4$、硬质酸等,会影响注射液的质量,故用碱、酸处理:水洗→2％$NaOH$ 煮30 min→水洗→水煮30 min→1％HCl煮30 min→水洗→蒸馏水煮30 min→蒸馏水清洗。

2. 注射液原料药的选择　配制注射液的原料药物,要求纯度高,而且应符合中国兽药典规定的质量标准。如配制葡萄糖注射液须用"注射用葡萄糖",配 NaCl 注射液须用"注射用 NaCl"。

3. 溶媒的选择　制备注射液所用的溶媒,多数情况是用水作溶媒。所用的水是注射用水,即新鲜的蒸馏水或重蒸馏水,以免产生热原。

热原是某些微生物的尸体和某些微生物增殖时的产物,是一种内毒素,静脉注射后,可引起动物发冷发热,寒颤,体温升高,虚脱甚至死亡。热原具有下列性质:

(1)耐热性:120 ℃,4 h 才能破坏 98%;250 ℃,30 min 可彻底破坏。

(2)滤过性:能通过普通滤器进入滤液。

(3)水溶性:能溶于水,呈分子状态。

(4)不挥发性:普通水加热蒸馏,可制得无热源的蒸馏水。

(5)其他:热原能被强酸、强碱和氧化剂破坏,并能被 0.1%～0.2% 的活性炭所吸附。

实际工作中,常利用热原的"不挥发性",用加热蒸馏法制成新鲜的蒸馏水或重蒸馏水以除去溶媒中的热原;利用热原能被活性炭吸附的特性,在配制的溶液中加入活性炭以除去固体药物和溶媒中的热原。

4. 调节 pH 值　中国兽药典规定,5% 葡萄糖注射液 pH 值应为 3.5～5.5,但在灭菌前要求调节 pH 值至 3.8～4.0,其目的是:

(1)中和杂质微粒上的电荷,使之聚集成较大的颗粒而被滤掉;

(2)pH 值 3.8～4.0,可使葡萄糖中少量未完全糖化的糊精继续水解成葡萄糖。

(3)pH 值 3.8～4.0,葡萄糖加热灭菌时最稳定,不会分解产生有色物质。如 pH 值超过5.5,则葡萄糖溶液灭菌后易变黄,成为不合格产品;如 pH 值低于 3.0,则因葡萄糖溶液酸性太强,大量输液对机体不利,易发生酸中毒。

5. 吸附热源、色素、杂质　利用活性炭的吸附特性,在葡萄糖溶液中加入一定量的活性炭以吸附热源、色素和杂质等。但应注意,活性炭也吸附某些药物,使药物含量下降。因此,凡是药品纯度高、无热源时,以尽量不用活性炭为宜。总之,在防止和除去热原的方法中,积极主动的办法应从避免污染热原着手,即要求配液后立即进行过滤、分装、灭菌。

6. 过滤　目的是除去杂质,使药液澄清。一般先粗滤后精滤。量少的注射液,可用玻璃漏斗加双层滤纸过滤;如果配制的注射液量比较多,可用布氏漏斗加滤纸和垂熔滤球减压抽滤;生产上多用板框式抽滤机加上微孔滤膜过滤。

7. 灌装　为减少污染,精滤后的注射液应直接流入输液瓶中。注意灌装量的准确性。

8. 封瓶　输液瓶的瓶口在盖橡胶塞之前,要求先盖一层涤纶薄膜。这是因为橡胶塞虽然经过处理,但直接接触药液或加热后,仍有杂质析出而影响葡萄糖注射液质量。轧盖的目的是防止灭菌时液体冲出瓶外,同时便于注射液的运输和较长时期保存。

9. 灭菌　方法有高压灭菌法、煮沸灭菌法和流通蒸汽灭菌法。但葡萄糖注射液的灭菌宜用高压灭菌法,灭菌条件为115 ℃,10 磅/英寸^2,30 min。灭菌完毕,及时放气取出冷却,以免葡萄糖注射液变黄。

10. 质量检查　包括原辅料、半成品和成品质量检验。葡萄糖注射液的质量检查包括澄明度检查、热源检查、pH 值检查、无菌检查和含量检查等。

11. 贴标签　注明药物的名称、规格、作用与用途、用法与用量、贮藏与注意事项、生产厂家、生产批号、有效期等。

(二)碘酊的制备

(1)配制碘酊时,应特别注意配制顺序。因 I_2 不溶于水也不溶于乙醇,但能溶解在饱和的 KI 溶液中,即 I_2 与 KI 作用生成络合物后易溶于水及乙醇。

(2)KI 在处方中除作为助溶剂外,因 I_2 与 KI 生成络合物后,I_2 在溶液中更为稳定,不易挥发,因此 KI 在处方中还充当稳定剂作用。

(3)I_2 与 KI 生成络合物的反应是可逆的,故仍能保持碘的杀菌能力。

(4)碘酊应用棕色瓶密闭保存。因遇光或空气时,I_2 易游离析出。

六、思考题

分析葡萄糖注射液、碘酊、樟脑醑剂、搽剂和鱼石脂软膏的制备原理及注意事项。

实验二　药物的配伍禁忌

一、实验目的

通过实验,观察两种或两种以上的药物配合在一起时,可能产生的配伍禁忌;了解药物配伍禁忌的临床意义。

二、实验原理

两种或两种以上的药物在配合使用时,可能出现理化性质或药理性质改变,使药效减弱或丧失,或产生毒性,这些药物不宜配伍使用,称为配伍禁忌。药物的配伍禁忌分为以下三种情况。

1. **物理性配伍禁忌**　药物配合使用时,发生物理性质改变,如吸附、潮解、液化、溶化、析出等。例如抗生素与活性炭合用,则抗生素被吸附而降低疗效;Na_2CO_3 与 CH_3COOPb 研磨可出现湿润现象;水合氯醛(熔点 57 ℃)与樟脑(熔点 171～176 ℃)等量混合研磨可形成低熔点混合物(熔点为 -60 ℃),产生液化现象;浓盐水与乙醇混合可析出 NaCl 晶体。

2. **化学性配伍禁忌**　药物配合使用时,发生化学性质改变,如沉淀、变色、产气、燃烧、爆炸等。例如盐酸四环素以 $NaHCO_3$ 注射液稀释时,由于 pH 值升高而析出四环素结晶;盐酸肾上腺素溶液遇光线或空气后,特别是在碱性条件下,可逐渐变成红色或棕色而降低疗效,甚至失效;$KMnO_4$ 与甘油混合可发生燃烧。

3. **药理性配伍禁忌**(疗效性配伍禁忌)　药物配合使用时,药理作用相互抵消或毒性增强,叫药理性配伍禁忌。例如,Ca^{2+} 与 Mg^{2+} 的相互对抗;洋地黄与钙制剂合用,钙能增强洋地黄对心脏的毒性。

兽医临床上常取多种药物联合使用,此时应特别注意药物之间的理化配伍禁忌,必要时,应以不同途径给药。如青霉素 G 钾与磺胺嘧啶钠注射液,硫酸庆大霉素注射液与羧苄或氨苄青霉素相混合则失去部分或全部抗菌活性。药理性配伍禁忌一般应予避免,但在特殊情况下,却可利用它来减少药物的副作用和在药物中毒时进行解毒,如酸性药物中毒可用弱碱性药物中和解毒,毛果芸香碱等拟胆碱药物中毒可用阿托品等抗胆碱药物解救,咖啡因可用来减低水合氯醛对延脑和心脏的副作用等。

三、实验材料

1. 动物　小白鼠 4 只。
2. 器材　电子秤,试管架,试管,1 mL 注射器,5 号针头,药匙,乳钵,鼠笼。
3. 药品　蒸馏水,液体石蜡,水合氯醛,樟脑,樟脑醑,10% 磺胺嘧啶钠注射液,维生素 B_1 注射液,青霉素 G 钾溶液,1.25% 盐酸四环素溶液,0.1% 盐酸肾上腺素注射液,5% 碳酸钠溶液,0.3% 戊巴比妥钠溶液,1% 安钠咖注射液,4% 硫酸镁注射液,5% 氯化钙注射液。

四、实验步骤

按以下方法操作,并记录实验现象。

1. 物理性配伍禁忌

(1)取樟脑醑 1 mL,置试管内,加入蒸馏水 1 mL,混匀,静置 3 min,观察有何现象出现。

(2)取液体石蜡 3 mL,置试管内,加入蒸馏水 3 mL,混匀,静置 3 min,观察有何现象出现。

(3)取水合氯醛 2 g,置乳钵内,加入樟脑 2 g,研磨,观察有何现象出现。

2. 化学性配伍禁忌

(1)取 10% 磺胺嘧啶钠注射液 1 mL,置试管内,加入维生素 B_1 注射液 1 mL,混匀,观察有何现象出现。

(2)取青霉素 G 钾溶液 1 mL,置试管内,加入 1.25% 盐酸四环素溶液 1 mL,混匀,观察有何现象出现。

(3)取 0.1% 盐酸肾上腺素注射液 1 mL,置试管内,加入 5% 碳酸钠溶液 1 mL,混匀,静置 5 min,观察有何现象出现。

3. 药理性配伍禁忌

(1)取小白鼠 2 只,称重。其中 1 只肌肉注射 1% 安钠咖注射液 0.1 mL/10 g。5 min后,两鼠分别腹腔注射 0.3% 戊巴比妥钠溶液 0.2 mL/10 g,观察二鼠反应有何不同。

(2)取小白鼠 2 只,均肌肉注射 4% 硫酸镁注射液 0.2 mL/10 g,待出现肌肉松弛现象后,1 只鼠立即腹腔注射 5% 氯化钙注射液 0.1 mL/10 g,观察二鼠反应有何不同。

五、思考题

根据实验结果,分析药物配伍禁忌发生的原因以及临床意义。

实验三　药物的局部作用与吸收作用

一、实验目的

通过实验,观察药物对动物机体的局部作用和吸收作用。

二、实验原理

药物在用药部位所产生的作用叫作局部作用,如口服硫酸镁在肠道不易吸收,有导泻作用;局部麻醉药注射于神经末梢或神经干可阻断冲动传导等。药物吸收进入血液循环后分布到机体各部位发挥的作用称之为吸收作用或全身作用。药物从胃肠道吸收后要经过门静脉进入肝脏,再进入血液循环;少数药物可用舌下给药或直肠给药,分别通过口腔、直肠和结肠黏膜吸收;皮下或肌肉注射药物先沿结缔组织扩散,再经毛细血管或淋巴管进入血液循环;静脉注射时药物直接进入血液,无吸收过程。

三、实验材料

1. 动物　家兔1只。
2. 器材　兔固定箱,托盘秤,镊子,注射器,针头,兔用麻醉口罩,棉球。
3. 药品　松节油,0.2%硝酸士的宁注射液,麻醉乙醚,5%水合氯醛注射液。

四、实验步骤

(1) 取家兔1只,置兔固定箱内,对光观察家兔耳部血管粗细及颜色等情况,然后对家兔一侧耳部涂擦松节油,待2 min后对比家兔两耳有何不同。

(2) 将上述家兔称重,先观察正常活动,用镊子轻击四肢和背部,看有何反应。

① 给家兔皮下注射0.2%硝酸士的宁注射液0.2 mL/kg,用药后每隔2 min用镊子轻击家兔四肢和背部,观察家兔有何反应。

② 待家兔出现典型的士的宁中毒症状(表现为全身痉挛,角弓反张,呼吸暂停等)后,立即套上内含浸有麻醉乙醚棉球的兔用麻醉口罩,再观察家兔有何反应。

③ 当家兔的中毒状态消失后,除去兔用麻醉口罩,迅速静注5%水合氯醛注射液2 mL/kg。

五、注意事项

(1) 用镊子轻击家兔四肢和背部时必须轻重适度,前后一致,不要用力过大以致夹伤组织。

(2) 本实验给出的硝酸士的宁注射液中毒剂量仅作参考。因不同品种的家兔对士的宁敏感性差异较大,建议教师在实验前先预试,摸索出士的宁对家兔的适宜中毒量(中毒症状明显,用乙醚和水合氯醛能彻底解救)后,再正式实验。

六、思考题

根据实验结果,说明哪种作用是局部作用,哪种作用是吸收作用。

实验四　不同剂量与剂型对药物作用的影响

一、实验目的

通过实验,观察同一种药物的不同剂量或同一种药物的剂量相同而剂型不同,所产生的药物效应。

二、实验原理

戊巴比妥钠为镇静催眠药或麻醉药,其作用机制是选择性抑制脑干网状结构上行激活系统,使大脑皮层的兴奋性降低。随着剂量由小到大,中枢抑制作用由浅入深,相继出现镇静、催眠和麻醉,过量则麻痹延髓呼吸中枢而致死。以 2.5% 羧甲基纤维素钠溶液作溶媒制备的乌拉坦胶浆液,具有延缓乌拉坦扩散和吸收作用,与水作溶媒制备的乌拉坦溶液比较,可观察到乌拉坦对小鼠中枢抑制的程度、作用出现快慢、持续时间长短等的差异。

三、实验材料

1. 动物　小白鼠 5 只,性别相同、体重接近。
2. 器材　1 mL 注射器,5 号针头,天平,鼠笼或 1 000 mL 烧杯。
3. 药品　0.2%、0.4% 及 0.8% 戊巴比妥钠溶液,8% 乌拉坦水溶液,8% 乌拉坦胶浆液(含 2.5% 羧甲基纤维素钠)。

四、实验步骤

(一)不同剂量对药物作用的影响

(1)取小白鼠 3 只,称重标记,观察和记录正常活动情况。

(2)将 1 号、2 号及 3 号小鼠分别腹腔注射 0.2%、0.4%、0.8% 戊巴比妥钠溶液 0.1 mL/10 g。剂量分别为 0.2 mg/10 g,0.4 mg/10 g 及 0.8 mg/10 g。

(3)给药后继续观察,比较各鼠的活动变化,翻正反射的消失与恢复时间,以及呼吸变化。

(二)不同剂型对药物作用的影响

取性别相同、体重接近的小鼠 2 只,以 4、5 编号,称体重,观察小鼠的一般情况,再分别给药:

4 号鼠:皮下注射 8% 乌拉坦水溶液 0.15 mL/10 g。

5 号鼠:皮下注射 8%乌拉坦胶浆液 0.15 mL/10 g。

密切观察小鼠对所注射药物的反应。记录小鼠出现步态蹒跚,俯伏不动或卧倒、翻正反射消失等反应的时间。比较 2 只小鼠注射不同乌拉坦剂型后造成中枢抑制的深度及作用出现的快慢与持续时间长短。

五、实验记录

(1)不同剂量对药物作用的影响:

小鼠	戊巴比妥钠剂量 (mg/10 g 体重)	药物反应(作用出现时间与持续时间)			
		蜷缩少动	闭目静卧	翻正反射消失	呼吸停止
1 号					
2 号					
3 号					

(2)不同剂型对药物作用的影响:

小鼠	乌拉坦剂量 (mL/10 g 体重)	药物反应(作用出现时间与持续时间)		
		步态蹒跚	俯伏不动或卧倒	翻正反射消失
4 号	0.15			
5 号	0.15			

六、注意事项

(1)翻正反射:正常动物可保持站立姿势,如将其推倒或呈背位仰卧时,动物立即翻正过来,这种反射称为翻正反射。神经中枢受到较为严重抑制时,翻正反射则消失。

(2)中枢抑制所表现的动物蜷缩少动、闭目静卧、翻正反射消失和呼吸停止,分别代表药物的镇静、催眠、麻醉和呼吸麻痹四种作用。

七、思考题

根据实验结果,分析药物剂量与药物作用的关系及其临床意义,分析同一种药物用不同溶媒所制备的注射液对其吸收的影响。

实验五　不同给药途径对药物作用的影响

一、实验目的

通过实验,观察不同给药途径引起机体的不同反应。

二、实验原理

兽医临床常用的给药途径有内服、肌注、静注、腹腔注射、皮肤给药和吸入给药等。一般情况下,同一种药物采取不同途径给药,主要影响该药物的吸收速度和利用程度,进一步影响药效出现时间和维持时间。但是,少数药物(如 $MgSO_4$)采取不同途径给药,可以引起药效性质的改变。

三、实验材料

1. 动物　小白鼠 5 只。
2. 器材　鼠笼,1 mL 注射器,5 号针头,小白鼠灌胃器,玻璃钟罩,电子秤,镊子。
3. 药品　10%硫酸镁注射液,0.3%戊巴比妥钠溶液。

四、实验步骤

(1)取体重相近的小白鼠 2 只,称其体重。一只鼠肌肉注射 10%硫酸镁注射液(0.15 mL/10 g),另一只鼠以相同剂量灌胃,观察两只鼠的反应有何不同。

(2)取体重相近的小白鼠 3 只,称其体重,分别放入玻璃钟罩内,观察它们的正常活动及翻正反射情况。然后,用 0.3%戊巴比妥钠溶液 0.2 mL/10 g 的剂量以不同途径给药:甲鼠灌胃,乙鼠肌注,丙鼠腹腔注射。观察小白鼠用药后的反应及活动情况,以翻正反射消失时作为麻醉开始指标。记录麻醉开始时间、麻醉维持时间和麻醉深度有何不同。

五、实验记录

(1)硫酸镁实验:

小鼠	体重	给药剂量	给药途径	反应表现
1 号				
2 号				

(2)戊巴比妥钠实验:

小鼠	给药途径	麻醉开始时间	麻醉维持时间	麻醉深度
甲				
乙				
丙				

六、注意事项

(1)观察小白鼠用药后的反应及活动情况,以翻正反射消失时作为麻醉开始指标。"麻醉开始时间"为从给药至翻正反射消失时的时间;"麻醉维持时间"为从翻正反射消失至翻正反射恢复的时间;"麻醉深度"是用镊子夹其后肢观察其反应情况。

(2)硫酸镁注射液肌注可产生镇静、抗惊厥等作用;口服小剂量可健胃、利胆,大剂量可致泻。本实验口服剂量较小,不会产生泻下作用。

(3)灌胃方法要正确。一旦刺破食管或胃壁,药物进入胸腹腔,其作用与肌注相同,使对照实验失败。

七、思考题

根据实验结果,分析同一种药物采取不同的给药途径对其作用的影响。

实验六　肝与肾损伤对药物作用的影响(选做)

一、实验目的

通过实验,观察肝与肾损伤后对药物作用的影响。

二、实验原理

肝脏是药物代谢的主要器官,而药物的代谢主要靠酶的催化。在肝细胞内质网上有一些专门催化药物等外源性化学物质代谢的微粒体酶,简称药酶(药酶实际上还包括非微粒体酶)。四氯化碳是一种对肝细胞有严重毒害作用的化学物质,可引起中毒性肝炎,使肝脏对药物的代谢能力降低。本实验用四氯化碳损害小白鼠的肝脏,使肝脏药酶活性受到抑制,从而减缓对戊巴比妥的代谢,使麻醉维持时间延长。

肾脏是药物排泄的主要器官。药物经肾脏排泄的方式有两种,一是经肾小球滤过,二是经肾小管上皮细胞分泌。当肾脏发生病理变化时,药物的排泄将会减慢,容易引起药物蓄积中毒。氯化高汞是一种被淘汰的、具有细胞毒作用的消毒药,一旦被机体吸收,可首先损伤肾小管上皮细胞,使肾脏排泄功能降低。硫酸链霉素属于氨基甙类抗生素,主要从肾脏排泄,有肾毒性及阻滞神经-肌肉接头传递冲动等不良反应。本实验用氯化高汞制作中毒性肾病的病理模型,用于观察肾功能低下对链霉素毒性作用的影响。

三、实验材料

1. 动物　小白鼠8只。
2. 器材　鼠笼,1 mL注射器,5号针头,玻璃钟罩,电子秤。
3. 药品　0.3%戊巴比妥钠溶液,5%四氯化碳油溶液,0.04%氯化高汞溶液,5%硫酸链霉素溶液。

四、实验步骤

(一)肝脏功能损害对药物作用的影响

取体重相近的健康小白鼠及肝脏功能损害的小鼠(实验前 24 h 皮下注射 5％四氯化碳油溶液 0.1 mL/10 g)各 2 只(健康组编为 1 号、2 号,肝损害组编为 3 号、4 号),称其体重,分别由腹腔注射 0.3％戊巴比妥钠溶液 0.15 mL/10 g,观察小白鼠的活动情况并记录实验结果。

(二)肾脏功能损害对药物作用的影响

取健康小白鼠和肾功能已被损害的小白鼠(实验前 24 h 腹腔注射 0.04％氯化高汞溶液 0.2 mL/10 g)各 2 只(健康组编为 5 号、6 号,肝损害组编为 7 号、8 号),称其体重,分别由腹腔注射 5％硫酸链霉素溶液 0.15 mL/10 g,观察小白鼠的活动情况并记录实验结果。

五、实验记录

(1)肝脏功能损害对药物作用的影响:

鼠号	体重(g)	戊巴比妥钠剂量(mL)	注射时间	麻醉开始时间	麻醉维持时间
1 号					
2 号					
3 号					
4 号					

(2)肾脏功能损害对药物作用的影响:

鼠号	体重(g)	硫酸链霉素剂量(mL)	注射时间	产生作用时间	小鼠表现
5 号					
6 号					
7 号					
8 号					

六、注意事项

(1)"麻醉开始时间"为小鼠从腹腔注射戊巴比妥钠溶液后至翻正反射消失时的时间;"麻醉维持时间"为从翻正反射消失至翻正反射恢复的时间。

(2)"产生作用时间"为小鼠从腹腔注射硫酸链霉素溶液至出现肌肉松弛、倒地所需时间。

七、思考题

根据实验结果,分析为什么肝功能损害的小白鼠在注射戊巴比妥钠后麻醉维持时间较长,分析为什么肾功能损害的小白鼠在注射硫酸链霉素溶液后其表现与对照鼠不同。实验结果有何临床意义?

实验七 苯巴比妥对大鼠肝脏微粒体细胞色素 P-450 含量的影响(选做)

一、实验目的

通过实验,掌握大鼠肝脏微粒体细胞色素 P-450 的含量测定法,了解苯巴比妥对 P-450 的诱导作用。

二、实验原理

P-450 是一种含有铁卟啉基团的电子传递蛋白,其还原型与一氧化碳结合后在 450 nm 波长处有吸收峰,据此可用差示光谱法测定其含量。关于肝匀浆中微粒体部分的分离,本实验中用的是钙沉淀法。此法可在无超速离心机的条件下进行。

三、实验材料

1. 动物 大鼠(或小鼠)4 只,性别相同、体重接近。

2. 器材 匀浆器,电子天平,751 型紫外分光光度计,冰浴烧杯,试管,吸管,注射器,小玻棒。

3. 药品 6% 苯巴比妥钠溶液,连二亚硫酸钠($Na_2S_2O_4$)(保险粉),一氧化碳(可用甲酸滴入浓硫酸的方法产生,通过 NaOH 溶液洗涤后以连有头皮针的橡皮管引出供用),0.25 mol/L 蔗糖溶液(蔗糖 8.56 g,加水至 100 mL),80 mmol/L 氯化钙溶液(无水氯化钙 1.93 g,加水至 100 mL),生理盐水。

四、实验步骤

(1)取大鼠(也可用小鼠)4 只,分成两组。A 组 2 只为诱导组,腹腔注射苯巴比妥钠 60 mg/kg(即 6% 苯巴比妥钠溶液 1 mL/kg),每日 1 次,连续 3 天。B 组 2 只为对照组,腹腔注射生理盐水(1 mL/kg),每日 1 次,连续 3 天。至第 4 天测定各鼠肝脏微粒体中 P-450 的含量。

(2)于第 4 日将禁食过夜的大鼠断头处死,迅速剖开胸腹腔,用注射器吸取冰冷的生理盐水从门静脉灌注肝脏,直至呈土黄色。取出肝脏(小鼠去掉胆囊),切取重约 3 g 的肝脏一块,精确称重后放入预先置于冰浴中的匀浆器。每克肝组织加入冰冷的 0.25 mol/L 蔗糖溶液 4 mL,磨成匀浆。将该匀浆转移到 10 mL 的塑料离心管内,冷冻高速离心(10 000 r/min,10 min)。取上清液,弃去沉淀物。按所取上清液之量,每毫升加 80 mmol/L 氯化钙溶液 0.1 mL(氯化钙的终浓度为 8 mmol/L),混匀,低温下放置 5 min。然后再次冷冻高速离心(10 000 r/min,10 min)。弃去上清液,此时的沉淀物即为所需分离的微粒体。必要时可将沉淀物重新混悬于 0.25 mL/L 的蔗糖溶液中,再次如上高速离心,取得纯度更高的微粒体沉淀物。

（3）取上述微粒体沉淀物，加适量 0.25 mol/L 蔗糖溶液（一般每克肝脏加 4 mL），混匀。吸取微粒体混悬物 0.2 mL，用 Coomassie 亮蓝染色法测定其中蛋白含量（方法附后）。其余的微粒体混悬液均分于两个光径为 1 cm 的石英比色杯，一个作参照杯，另一个作样品杯。在样品杯中加入连二亚硫酸钠结晶粉 4 mg，混匀，使 P-450 变成还原型（液体由原来的淡红色转为淡绿色）。再分别向两个比色杯中通入一氧化碳气体，每分钟约 100 个气泡，持续 1 min。

（4）将比色杯置入 751 型分光光度计。以参照杯作为空白调零，测定样品杯在 450 nm 和 490 nm 处的吸收度（分别为 A_{450} 和 A_{490}）。根据 Coomassie 亮蓝染色法测得的微粒体混悬液蛋白含量（ mmol/mL），按照下式计算微粒体混悬液蛋白中的 P-450 含量（nmol/mg 蛋白）。

$$P\text{-}450 \text{ 含量（nmol/mg 蛋白）}=(A_{450}-A_{490})/91 \times \text{蛋白（mmol/mg）} \times 1\,000$$

式中 91 为 P-450 的差示光谱消光系数。由于原来的单位为 mmol/mg 蛋白，现在化为 nmol/mg 蛋白，故需乘以 1 000。

五、实验记录

记录诱导组和对照组 P-450 含量：

组别	鼠号	诱导处理	P-450 含量（nmol/mg 蛋白）
诱导组	1 号		
	2 号		
对照组	3 号		
	4 号		

六、注意事项

为防 P-450 破坏，本实验的全过程应在 4 ℃以下进行，并力求操作迅速，当室温超过 10 ℃时尤须注意。

七、思考题

根据实验结果，讨论药物对微粒体细胞色素 P-450 诱导与抑制的临床意义。

附：Coomassie 亮蓝染色法测定蛋白质含量

一、实验原理

Coomassie 亮蓝染料可以通过 Vander Waals 引力与蛋白质结合，在一定波长比色，便可测知蛋白质之量。该法灵敏度极高，可测几微克，甚至更小量的蛋白质。除组蛋白外，其他不同蛋白质的染色程度差异不大。

二、实验材料

1. 器材　751 型分光光度计 ，微量加样器，烧杯，试管，试管架。

2. 药品

（1）Coomassie 亮蓝染色液：称取 Coomassie 亮蓝染料（Coomassie brilliant blue-R250）

0.25 g，溶于含 7.5％乙酸及 5％甲醇的水溶液 100 mL 中，或直接购置 Bio-Rad 蛋白测定染液供用。

（2）蛋白标准液：以纯蛋白（如牛血清白蛋白，BSA）加蒸馏水，配成含量为 25 μg/mL 的溶液。

（3）待测蛋白样品溶液：通过预测，调整到约为 25 μg/mL 的浓度。

三、实验步骤

（1）按下表次序操作：

试管号	1	2	3	4	5	6	7	8	9
BSA 标准液（mL）	0	0.1	0.2	0.4	0.6	0.8	—	—	—
待测蛋白溶液（mL）	—	—	—	—	—	—	0.2	0.4	0.6
双蒸水（mL）	0.8	0.7	0.6	0.4	0.2	—	0.6	0.4	0.2
亮蓝染液（mL）	0.2	0.2	0.2	0.2	0.2	0.2	0.2	0.2	0.2
			摇匀，室温放置 5 min 后即可测定						
A_{595}									
蛋白浓度（μg/mL）	0	2.5	5.0	10	15	20			

（2）待测样品调整浓度：可取样品液 0.1 mL，加双蒸水 0.7 mL，加染液 0.2 mL，视其颜色深浅，调整样品量，至大致与标准品系列中第 3、第 4 管颜色相近为止。测定用量同上表。

（3）制作标准曲线：以所测得的 2～6 标准管吸收度值为纵坐标，蛋白浓度（μg/mL）为横坐标绘图。

（4）由样品的 A_{595} 值在标准曲线上查相应的蛋白质浓度。

（5）正式试验时，每个测定管均须双份，以求均值。未知样品应用三种样品体积测定。

四、注意事项

（1）染色程度随温度升高或染色时间延长而加强，因此须用恒定的染色温度和染色时间。一般在加染液后 5 min 至 1 h 测定最适宜。

（2）调整样品浓度时，可按倍量递增法取几种体积的样品液，以便一次试验即可找到样品液最佳浓度范围。

实验八　药动学参数的测定

一、实验目的

以溴磺酞钠为例，学习测定血药浓度半衰期、表观分布容积和清除率等三种药代动力学参数的基本方法。

二、实验原理

多数药物在体内按一级动力学的规律而消除,静脉注射后,如以血浆药物浓度的对数值为纵坐标,时间为横坐标,其时量关系常呈直线。

该直线的方程式为: $\lg C_t = \lg C_0 - k/2.303 \times t$

血药浓度半衰期 $t_{1/2} = 0.693/k$(以 h 或 min 计)

因此,如按给药后各时间测出的血浆药物浓度作点,再顺着各点的分布趋势作适当直线,由直线上任意两点的坐标算出斜率(s),根据消除速率常数(k)=$-2.303 \times s$ 的公式求出 k 值,就可算出 $t_{1/2}$ 之值。

表观分布容积(V_d)是指按血浆中的初始药物浓度(C_0)计算而得的,假设全部药量在体内均匀分布,达到与血浆中相同浓度时所需要的容积。

V_d=静脉注射进入体内药量(mg/kg)/C_0(mg/mL) (以 mL/kg 或 L/kg 计)

清除率(CL)是指在单位时间内,机体内能将其中含有的药物全部加以清除的毫升数,其数值大小与 $t_{1/2}$ 成反比。

$$CL = 0.693/t_{1/2} \times V_d \quad \text{(以 mL/(min·kg)计)}$$

溴磺酞钠(BSP)是一种专供测定肝功能用的染料,在酸性溶液中无色,在碱性溶液中紫色,因而可用比色法定量。

三、实验材料

1. 动物　家兔 1 只。
2. 器材　722 型分光光度计,离心机,离心管,小试管,试管架,吸管,滴管。
3. 药品　2%溴磺酞钠(BSP)注射液,肝素,2.5 mol/L NaOH 溶液,0.01 mol/L HCl 溶液。

四、实验步骤

(1)取家兔 1 只,准确称重,从右耳静脉注射 BSP 20 mg/kg(2%溶液 1 mL/kg),记录注射时间。于注射后的第 2、5、10、15、20、25、30 min 从家兔左耳静脉分别取血约 2 mL,置于预先放有少许肝素的小试管中,轻轻摇动试管,使肝素均匀地溶解于血液中(不能剧烈振摇,以免溶血)。将各管抗凝血液离心,分离出血浆。从每管吸出血浆 0.5 mL,转移于另一试管,加入 0.01 mol/L HCl 溶液 5.5 mL,混匀后,在 540 nm 波长处,以蒸馏水调节 0 点,在分光光度计上测定其吸收度;读取吸收度后,在测定管中加 2.5 mol/L NaOH 溶液 1 滴,混匀后再次读取吸收度,算出两次吸收度之差。利用标准曲线求得各份血浆的 BSP 含量(μg/mL),按前述公式算出 BSP 的 $t_{1/2}$、V_d 和 CL 之值。求 C_0 时,可将时量关系线向纵轴方向延伸,与纵轴交点读数之反对数即为 C_0 之值。

(2)标准曲线的绘制。以蒸馏水配制浓度为 200 μg/mL 的溴磺酞钠标准溶液。取试管 8 支,以 1、2、3、…、8 编号,按下表进行操作。显色后,在 540 nm 波长处,以蒸馏水调节 0 点,在分光光度计上测定其吸收度。以所测吸收度与相应的 BSP 浓度作点,连接各点描出平滑曲线即得。

试管编号	1	2	3	4	5	6	7	8
BSP 溶液(200 μg/mL)　(mL)	0.05	0.10	0.20	0.30	0.40	0.60	0.80	1.00
NaOH 溶液(2.5 mol/L)(mL)	5.95	5.90	5.80	5.70	5.60	5.40	5.20	5.00
相当于血浆中 BSP 浓度(μg/mL)	10	20	40	60	80	120	160	200

五、注意事项

(1)采取供测定用的血样时,应绝对避免注射时残留于家兔耳壳上的溴磺酞钠沾污血样。

(2)明显溶血的血浆,不能用于 BSP 的含量测定。

(3)按实测数据画时量关系线时,应先行审视各点的分布状态。如分布不呈直线趋势,可能由测定技术误差或药物不按一级动力学规律消除所致,就不能作直线。画直线时应多照顾 10 min 后的各点,即以求消除相的 $t_{1/2}$ 为主。

(4)本实验介绍的 $t_{1/2}$ 值计算步骤是一种粗略算法。其精密算法详见药代动力学专著。

(5)若有条件,采用 HPLC 或 GC 方法测定药物含量,则可使实验的水平上一个台阶。

六、思考题

(1)讨论测定药物的 $t_{1/2}$、V_d、CL 等参数的意义。

(2)某药的最低有效血浓度为 2.0 mg/mL,$t_{1/2}$ 为 10.7 h。现测得患畜血液中的药物含量为 4.7 mg/mL,试问能保持有效浓度几小时?(计算公式:$C_t = C_0 \times 0.5^{t/t_{1/2}}$)

实验九　药物的 LD_{50} 的测定(选做)

一、实验目的

通过实验,学习测定药物 LD_{50} 的方法、步骤和计算过程,了解测定药物 LD_{50} 的意义。

二、实验原理

半数致死量(LD_{50})是衡量药物毒性大小的重要标志,LD_{50} 表示能使全部实验动物死亡半数的药物剂量,是以动物死亡或存活作为质反应指标。LD_{50} 小说明药物毒性大,LD_{50} 大说明药物毒性小。一个药物的剂量和生物反应之间有一定的关系,若以死亡率作纵坐标,剂量作横坐标,常呈一长尾"S"形曲线(图 2-1)。这条曲线两端平缓,中间陡峭,在反应率 50% 处斜度最大,右端又较左端长,这是因为一群随机取样的动物中,对于某一药物很敏感易致死和很耐受不易死亡的动物都较少,而大多数动物的敏感程度都是比较相近而适中的。

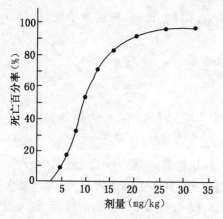

图 2-1　死亡率与剂量的关系

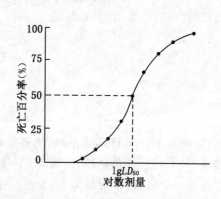

图 2-2　死亡率与对数剂量的关系

如果将剂量转换成对数剂量作为横坐标,则曲线右端缩短,因而左右对称,对称点在反应率 50% 处(图 2-2)。此处斜率最大,变化最明显,亦即剂量反应最敏感处。此时剂量也最准确,误差最小。因此,LD_{50} 是判定药物毒性大小最恰当、最常用的指标。

药物 LD_{50} 测定方法,常用的有寇氏法(kurber)、改良寇氏法、改进寇氏法(机率单位法)和 Bliss 法等,各有其优缺点,其中改良寇氏法操作计算较简便易行,结果较准确,比较常用。因此,本实验介绍改良寇氏法测定戊巴比妥钠的 LD_{50}。

三、实验材料

1. 动物　小白鼠,体重 18～22 g,70 只左右。
2. 器材　注射器,针头,鼠笼。
3. 药品　1% 戊巴比妥钠溶液,苦味酸。

四、实验步骤

1. 改良寇氏法设计要求

(1)剂量组应≥4 个;

(2)组间剂量等比;

(3)最大剂量组死亡率(Pm)应为 100% 或相近;最小剂量组死亡率(Pn)应为 0 或相近;

(4)各组动物数相等。

2. 预备实验

(1)确定剂量上下限:按估计量(经验或文献资料)给药,每次用 3 只动物,逐步探索出使全部动物死亡的最小剂量,以及一个动物也不死亡的最大剂量。如动物全部死亡则降低剂量,如动物全不死亡则加大剂量,直到找出 Pm＝100% 的剂量(Dm)和 Pn＝0 的剂量(Dn)。

(2)确定组数(n):分组以 4～9 组为宜,可根据适宜的组距确定,相邻两剂量组的比值不宜超出 0.6～0.9 范围。

(3)确定各组剂量公比 r:可按下面公式求出。

$$r=(n-1)\sqrt{Dm/Dn}$$

（4）确定剂量：各组剂量分别以 D_1、D_2、D_3、D_4、$\ldots$、D_m 代表，根据最小剂量（Dn）和剂量公比值（r）可计算出：

$$D_1=D_n=最小剂量$$
$$D_2=D_1\times r$$
$$D_3=D_2\times r$$
$$\ldots\ldots$$
$$D_m（最大剂量）=D_{m-1}\times r$$

（5）配制等比稀释药液系列：使各组小鼠给药容积相等，一般为 0.2 mL/10 g。从最大剂量组开始，按公比值稀释，即得到下一剂量组的药液。本次实验动物分为 5 组，最大剂量为 187.5 mg/kg，最小剂量为 76.8 mg/kg，$r=1.25$，按 0.2 mL/10 g 的给药量，最大剂量组戊巴比妥钠溶液浓度成为 0.94%（D_5），将其稀释 1.25 倍即得 0.75% 的溶液（D_4），$\ldots\ldots$。

3. 正式试验

（1）取动物 50 只，称重标记，按分层随机分组法分成 5 组，每组 10 只。

（2）给药：每组腹腔注射一个剂量的戊巴比妥钠溶液 0.2 mL/10 g，给药顺序宜间隔进行，即先给 D_2、D_4，再给 D_5、D_3、D_1。如 D_4 组全部死亡，则省去 D_5 组不做，如 D_2 组全不死亡，则省去 D_1 组不做。

五、实验记录

观察 24 h 内各剂量组动物死亡数，并记录于下列表中：

组别	小鼠数 n（只）	受试药剂量 D（mg/kg）	对数剂量 X（lg$D$）	死亡数 F（只）	死亡率 P（F/n）
5	10	187.5			
4	10	150.0			
3	10	120.0			
2	10	96.0			
1	10	76.8			

LD_{50} 按下列公式计算：

$$LD_{50}=\log^{-1}[Xm-i(\sum P-0.5)]$$

式中：$Xm=$ 最大剂量对数值；$P=$ 各组动物死亡率（用小数表示）；$\sum P=$ 各组动物死亡率的总和；$i=$ 相邻两组剂量比值的对数（高剂量作分子）。

LD_{50} 的 95% 平均可信限：

$$SLD_{50}=LD_{50}\pm4.5LD_{50}\times i\times\sqrt{\sum P-\sum P^2/n-1}$$

六、注意事项

（1）LD_{50} 测定中应观察记录的项目：

①实验各要素：实验题目，实验日期，室温，检品的批号、规格、来源、理化性状、配制方法

及所用浓度等;动物品系、来源、性别、体重、给药方式及剂量(药物的绝对量与溶液的容量)和给药时间等。

②给药后各种反应:潜伏期(从给药开始出现毒性反应的时间),中毒现象及出现的先后顺序,开始出现死亡的时间,死亡集中时间,末只死亡时间,死前现象等。逐日记录各组死亡只数。

③尸解及病理切片:从给药时开始记时,凡两小时以后死亡的动物,均及时尸解以观察内脏的病变,记录病变情况。若有肉眼可见变化时则需进行病理检查。整个实验一般要观察7~14天,观察结束后,对全部存活动物称体重、尸解,同样观察内脏病变并与中毒死亡尸解情况相比较。当发现有病变时,也同样作病理检查,以比较中毒后病理改变及恢复情况。

(2)实验动物应挑选体重相近(18~22 g为宜)的健康小鼠,最好同一性别或雌雄各半,怀孕的雌鼠应剔除不用。

(3)精密测定LD_{50}前,通常先要摸索出合适剂量范围,即测出能使小鼠出现接近0%和100%死亡的剂量。若系已知药的验证试验,则可根据文献查出该药的LD_{50},在此剂量上、下各推二个剂量;若系新药,则可根据文献查出同类结构化合物的LD_{50}以供参考;若系未知药物或无文献可供参考时,则取少量小鼠,每组2或3只,共3或4组,按剂间比2:1给药,找出引起0%及100%死亡的剂量范围,为精密测定LD_{50}提供依据。

(4)在预试验所获得的0和100%死亡的剂量范围内,选用几个剂量(小鼠一般用5个剂量,按等比级数增减,相邻组之间剂间比一般取1:(0.8~0.7),尽可能使半数组的死亡率都在50%以上,另半数组的死亡率都在50%以下。

(5)小鼠分组时应先将不同性别分开,再将不同体重分开,然后随机分配,此法称为分层随机分组法。

(6)给药时最好先从中剂量组开始,以便能从最初几组动物接受药物后的反应来判断两端的剂量是否合适,如不合适可随时进行调整。

(7)小鼠称重与给药剂量力求准确。药液的pH值及渗透压应在生理范围内。

(8)室温控制在20 ℃左右,照明、饲养和卫生条件要一致,实验前禁食24 h,实验时间要一致。

(9)实验中动物的死亡时间一般在1~2天,作用快者可观察10~30 min,但整个实验一般要观察7~14天,认真记录死亡时间。

七、思考题

根据实验结果,计算戊巴比妥钠LD_{50};讨论测定药物LD_{50}的意义和根据是什么。

第三章　兽医药理学各论实验

第一节　神经系统药物实验

实验十　毛果芸香碱与阿托品的作用

一、实验目的

学习离体肠平滑肌器官的实验方法;观察拟胆碱药和抗胆碱药对离体兔肠的作用。

二、实验原理

毛果芸香碱直接选择性兴奋 M 胆碱受体,产生与节后胆碱能神经兴奋时相似的效应。其特点是对多种腺体和胃肠道平滑肌有强烈的兴奋作用,但对心血管系统及其他器官的影响较小。对眼部作用明显,无论是局部点眼还是注射,都能兴奋虹膜括约肌上的 M 胆碱受体,致使虹膜括约肌收缩,使瞳孔缩小。

阿托品竞争性与 M 胆碱受体结合,使胆碱受体不能与乙酰胆碱结合,而其本身并不能产生激动受体的作用,表现出胆碱能神经被阻断的作用。对内脏平滑肌有松弛作用,当内脏平滑肌过度收缩或痉挛时松弛作用尤其明显。阿托品使虹膜括约肌和睫状肌松弛,引起散瞳、眼内压升高和调节麻痹。

乙酰胆碱直接作用于 M 胆碱受体和 N 胆碱受体,从而产生 M 样作用和 N 样作用。

三、实验材料

1. 动物　家兔。

2. 器材　剪刀,烧杯,丝线,麦氏浴皿,注射器,球胆,螺旋夹子,温度计,三导生理记录仪,四导生理记录仪或生物信号放大系统,橡皮管,酒精灯,火柴,三角架,L 形通气管,恒温水浴锅。

3. 药品　台氏液(Tyrode),0.01%氯化乙酰胆碱溶液,0.01%硝酸毛果芸香碱溶液,0.05%硫酸阿托品溶液。

四、实验步骤

(1)离体兔肠段标本的制备:取空腹家兔 1 只,左手执髂上部,右手握木棒,猛击枕骨部致死。迅速开腹,自幽门下 6 cm 左右处剪取空肠,小心去掉肠系膜,用台氏液将肠内容物冲洗干净,剪成长约 2 cm 的小段数段,置于保温 38 ℃的台氏液内,供全班用(可用恒温水浴锅保温)。

(2)实验时取兔肠段标本一段,一端系于麦氏浴皿 L 形通气管的小弯钩上,将通气管连同肠段放入盛有(38±1)℃台氏液的麦氏浴皿内(麦氏浴皿置于装有用酒精灯保温的热水烧杯中),L 型管的另一端用橡皮管与充满空气的球胆连接,微微开启球胆橡皮管上的螺旋夹,使球胆内的空气以 2 个气泡/s 的速度从通气管尖端的小孔逸出,供给肠肌以氧气,肠段的另一端系于描记杠杆或张力传感器上,用生理仪或生物信号放大系统记录。

(3)连接后,打开记录仪记录肠肌的正常蠕动曲线后,按下列顺序给药。

①加入 0.01%氯化乙酰胆碱 1～2 滴,结果如何? 当作用显著时,立刻加入 0.05%硫酸阿托品溶液 1～2 滴,结果如何? 当硫酸阿托品作用显著时,再加入同量的氯化乙酰胆碱溶液,其结果又如何?

②加 0.01%硝酸毛果芸香碱溶液 2～3 滴,当作用显著时,立即加入 0.05%硫酸阿托品 1～2 滴,结果如何?

五、实验记录

以描图、列表或文字记述正常离体肠肌的张力和舒缩情况及加入各种药物后的反应,并对实验结果作适当的讨论。

六、注意事项

实验时,麦氏浴皿内台氏液量约为 30 mL。当①项做完时应立即用台氏液冲洗肠肌 3 次,再做②项。

七、思考题

(1)讨论使离体平滑肌保持其收缩功能需要哪些基本条件。
(2)试从受体学说分析阿托品对肠肌的作用,并讨论这些作用的临床意义。

实验十一　局部麻醉药表面麻醉作用的比较(选做)

一、实验目的

学习表面麻醉的用药方法,比较普鲁卡因与丁卡因的局部麻醉作用的差异,以明确对表面麻醉药的要求。

二、实验原理

普鲁卡因与丁卡因同为局部麻醉药,但二者在溶解性、吸收、代谢等方面有显著差异。

三、实验材料

1. 动物　家兔 1 只。
2. 器材　兔固定箱,剪刀,滴管。
3. 药品　1%盐酸普鲁卡因溶液,1%盐酸丁卡因溶液。

四、实验步骤

取无眼疾家兔 1 只,保定(或放入兔固定箱),检验正常角膜反射,分别拉开左右眼的下眼睑,滴入药液,左眼:1%盐酸普鲁卡因溶液 2 滴;右眼:1%盐酸丁卡因溶液 2 滴。滴药时,应压住鼻泪管,使药液停留 1 min,然后任其流出,以防止药液流入鼻腔吸收中毒。滴药后每隔 5 min 测试角膜反射一次,到 30 min 为止。同时观察有无结膜充血等反应。记录并比较两药的局麻作用。

五、实验记录

记录给药(普鲁卡因与丁卡因)前后角膜反射情况:

兔眼	滴入药物	给药前角膜反射	给药后角膜反射					
			5 min	10 min	15 min	20 min	25 min	30 min
左眼								
右眼								

六、思考题

(1)影响药物表面麻醉效果的因素有哪些? 比较两药的作用效果,试谈为什么。

(2)表面麻醉用于哪些场合? 有哪些常用药物? 使用中应注意些什么问题?

实验十二　局部麻醉药的传导麻醉作用

一、实验目的

了解普鲁卡因对神经干的传导麻醉的作用,掌握传导麻醉的一般方法。

二、实验原理

局部麻醉药为弱碱盐,其盐酸盐水溶液呈酸性,并解离成带电荷的阳离子。注入组织后,在生理性 pH 值作用下,有部分离子状态的药物可转化为非离子型。这些非离子型药物易穿透脂质层,到达神经细胞膜上。透入神经纤维的局部麻醉药必须转换成阳离子型才有活力。阳离子能与神经细胞膜上的钠离子通道闸门的磷脂分子中 PO_4^{3-} 相结合且与钙离子竞争结合部位,使钙离子失去与神经细胞膜的结合活力。药物与神经细胞膜上脂质的结合相当稳固,以致当神经冲动到达时药物阳离子型还不离开,进而使钠离子通道封闭,阻止钠离子内流,抑制去极化过程而阻滞神经冲动的传导。

三、实验材料

1. 动物 山羊 1 只。
2. 器材 金属针头,毛剪,碘酒,酒精棉球,20 mL 注射器。
3. 药品 2%盐酸普鲁卡因溶液。

四、实验步骤

山羊 1 只,站立保定。先观察山羊正常活动情况(用针刺腹侧有无痛觉反射),先摸清楚肋弓,找到腰椎横突 1、2、3 等,上在腰椎横突附近,前在肋弓后缘开始剪毛(见下文),在注射点剪毛区上下宽 6 cm,前后横跨腰椎横突 1、2、3。

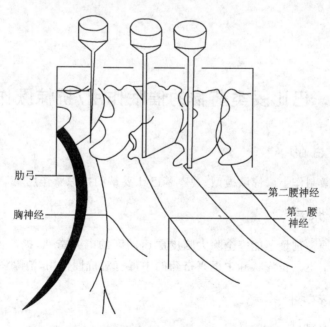

图 3-1 山羊腰旁麻醉注射点示意图
(引自:动物机能学教程.白波.2004)

采取二次消毒法消毒(先 5%碘酒棉球,在进针位由内向外涂抹,待干后再用碘酒消毒,碘酒稍干,同法,75%酒精消毒脱碘)。然后将手用 70%酒精棉球消毒后,摸清肋弓,找到腰椎突 1、2、3,将注射针头沿其注射部位,即山羊的腰椎横突 1 的前缘;2、3 的后缘(图 3-1)垂直刺入。如进针遇阻,稍退出一点,再紧挨横突的前(后)缘刺下 0.2~0.5 cm(视山羊肥瘦而定),注射 2%盐酸普鲁卡因溶液,每点 5 mL,然后将针头退至皮下,再注射 2~3 mL 以麻醉神经的皮支。注射后同上法检查有无痛觉反射。

五、实验记录

记录给药(普鲁卡因)前后痛觉反射情况:

动物	药物	痛觉反射情况(腹侧)		潜伏期	持续期
		给药前	给药后		

六、思考题

(1)局麻方式有哪些类型,其含义是什么?
(2)传导麻醉的临床意义是什么?

实验十三　巴比妥类药物的催眠作用/抗惊厥作用(选做)

一、实验目的

学习用电刺激制作小鼠惊厥模型;观察苯巴比妥钠的抗惊厥作用。

二、实验原理

苯巴比妥在通常剂量下能完全除大脑皮层运动区的电兴奋性,提高惊厥发作阈值。对于脑炎疾病中的中枢兴奋症状和中枢兴奋药的中毒有对抗性作用,消除痉挛症状。

三、实验材料

1.动物　小白鼠,18~22 g。
2.器材　药理生理多用仪,1 mL 注射器,5 号针头,1 000 mL 烧杯。
3.药品　2%苯巴比妥钠溶液,生理盐水。

四、实验步骤

(1)取小白鼠数只,用生理盐水擦湿两耳之间皮肤以利导电。用与 YSD-4 药理生理多用仪相连的金属鳄鱼夹夹住耳根部和下颚,"刺激方式"置于刺激位置上,打开电源开关,按下"启动"按钮,连续 2 或 3 次单次刺激(电压 100 V),须注意安全操作。以后肢强直作为电惊厥阳性鼠,选出数只。

(2)取电惊厥阳性鼠 4 只,称重标记。然后将小鼠分为 2 组,每组 2 只。一组腹腔注射 2‰苯巴比妥钠溶液 0.05 mL/10 g,另一组腹腔注射生理盐水 0.05 mL/10 g 作为对照。

(3)给药 30 min 后,以上述相同条件刺激小鼠,比较两组小鼠给药前后对电刺激的反应有何不同。

五、实验记录

记录给药(苯巴比妥钠)前后对电刺激的反应情况:

小鼠	预处理药物	电刺激反应	
		给药前	给药后
1 号			
2 号			
3 号			
4 号			

六、思考题

(1)简述苯巴比妥钠的抗惊厥作用机制。

(2)应用苯巴比妥类药物抗惊厥需注意哪些问题?

实验十四　肾上腺素对普鲁卡因局部麻醉作用的影响(选做)

一、实验目的

了解肾上腺素与普鲁卡因合并用药,可以延长局部麻醉作用。

二、实验原理

肾上腺素能兴奋 α 和 β 受体。兴奋 α 受体能使血管收缩。兴奋 β 受体能使血管扩张。皮肤、黏膜和内脏的血管以 α 受体分布占优势,冠状动脉和骨骼肌血管以 β 受体分布占优势。肾上腺素作用时,前者血管产生收缩效应;后者血管产生扩张效应。因此,肾上腺素与普鲁卡因合并用药,可以延长局部麻醉作用。

三、实验材料

1. 动物　家兔 1 只。
2. 器材　酒糟椭球,毛剪,大头针,注射器,针头。
3. 药品　0.25％盐酸普鲁卡因注射液,含有 1/100 000 肾上腺素的 0.25％盐酸普鲁卡因注射液。

四、实验步骤

(1)取家兔一只,将两臀部的毛剪干净,酒精消毒后,用大头针刺皮肤,测试其痛觉反射,以刺激部位的肌肉抽搐为感痛指标。

(2)在两臀部分别用 0.25％盐酸普鲁卡因注射液和含有 1/100 000 肾上腺素的 0.25％盐酸普鲁卡因注射液作皮下菱形注射,以后每 5 min 刺试一次,并比较两种药物的麻醉作用维持时间及注射部位皮肤颜色有何不同。

五、实验记录

记录用药(盐酸普鲁卡因和含肾上腺素的盐酸普鲁卡因)前后的反应:

药物	用药前反应	用药后反应								
		1 min	2 min	5 min	10 min	15 min	20 min	25 min	30 min	35 min

六、思考题

从实验结果说明普鲁卡因与肾上腺素合用的临床意义。

实验十五　镇痛药的镇痛作用观察

一、实验目的

采用热板法比较吗啡与复方氨基比林的镇痛作用。

二、实验原理

镇痛药(analgesics)为主要作用于中枢神经系统,选择性抑制痛觉,使疼痛减轻或消除的药物,在镇痛的同时不影响意识和其他感觉。由于其反复应用易于成瘾,故称为成瘾性镇痛药(addictive)或麻醉性镇痛药(narcotic analgesics)。

内阿片肽可能是体内存在的一种神经递质或神经调质,当疼痛刺激作用于机体时,体内即释放内阿片肽产生抗痛作用。通常疼痛刺激使感觉神经末梢兴奋并放出兴奋性递质(可能为 P 物质)与接受神经元上的受体结合,将痛觉冲动传入脑内引起疼痛。脑啡肽神经元也终止于感觉神经末梢,它释放的内阿片肽(脑啡肽),可与感觉神经末梢上的阿片受体(目前脑内阿片受体有四型)结合,抑制 P 物质的释放,阻止痛觉冲动传入脑内。吗啡可能是与脑内阿片受体结合,模拟内阿片肽的作用,抑制 P 物质的释放,产生镇痛作用。

目前认为氨基比林作用部位在外周的损伤或炎症组织内。局部组织在炎症或各种损伤时能释放有致痛性的血管活性物质,统称炎症介质。这些介质有组织胺、5-羟色胺、缓激肽、PG、慢反应物质(SRS-A)等。PG 具有痛觉增敏作用,增加伤害感受器对各种刺激的敏感性。该类药物能抑制 PG 的生物合成,故有明显镇痛作用。至于该类药物的中枢性镇痛,阻断丘脑痛觉冲动向皮层传导的作用可能是很重要的原因。

三、实验材料

1. 动物　小白鼠,雌性,18～22 g。
2. 器材　温度计,500 mL 烧杯,1 mL 注射器,秒表,钟罩,电热恒温水浴锅,粗天平。
3. 药品　0.15%盐酸吗啡注射液,1%复方氨基比林注射液,生理盐水。

四、实验步骤

(1)准备工作:于电热恒温水浴箱内加适量水,接通电源加热,水浴上部放置一大烧杯,使水面接触烧杯底部,调节水温,使之恒定于(55±0.5) ℃,烧杯底部预热 10 min 即作为热痛刺激物。

(2)小鼠的选择及正常痛阈值的测定:取 18～22 g 雌性小鼠数只,依次放入烧杯内,立即用秒表记录时间。自放入烧杯至出现舔后足所需时间(s)作为该鼠的痛阈值。凡在 30 s 内不舔后足或逃避者则弃之不用。将筛选合格的小鼠 9 只,随机分成三组,各鼠编号后重复测其正常痛阈值一次,将所得两次正常痛阈作平均值,作为该鼠给药前的痛阈值。

(3)给药及药后痛阈值测定:第一组小鼠皮下注射 0.15%盐酸吗啡注射液 0.1 mL/10 g 体重,第二组皮下注射 1%复方氨基本比林注射液 0.1 mL/10 g 体重,第三组皮下注射生理盐水 0.1 mL/10 g 体重作为对照,给药后 15,30,60,90 min 各测小鼠痛阈值两次。若放入烧杯内 60 s 仍无反应,应将小鼠取出,免把脚烫伤。痛阈值以 60 s 计。

(4)实验完毕后,所测的痛阈值按下列公式计算:

$$痛阈值提高百分率(\%)=\frac{给药后平均痛阈值-给药前平均痛阈值}{给药后平均痛阈值}\times100$$

五、实验记录

记录给药(吗啡与复方氨基比林)前后痛阈平均值(s)及给药后痛阈提高百分率(%):

组别	动物数(只)	给药前痛阈平均值(s)	给药后痛阈平均值(s)及痛阈提高百分率(%)			
			15 min	30 min	60 min	90 min

　　根据全实验室各组实验结果,将不同时间的痛阈提高百分率作图。(横坐标代表时间,纵坐标代表痛阈提高百分率),制成各药镇痛的时效曲线,借以分析药物的作用强度,作用开始时间及维持时间。

六、思考题

　　根据实验结果讨论镇痛药及解热镇痛药镇痛作用原理及临床应用。

实验十六　氯丙嗪的降温作用和解热镇痛药对发热家兔体温的影响

一、实验目的

　　观察解热镇痛药的解热作用和氯丙嗪的降温作用。

二、实验原理

　　氯丙嗪对下丘脑体温调节中枢有很强的抑制作用,能降低人和动物的正常体温,降温效果与周围环境有关。一般室温下,影响甚小;高温环境下可使体温升高。但在低温环境下可使体温显著降低,配合物理降温可用于低温麻醉。

　　氯丙嗪降温作用的机理除抑制下丘脑的体温调节中枢外,还能阻断 α 受体,使血管扩张,散热增加。

三、实验材料

1. 动物　家兔 5 只。
2. 器材　台秤,体温表,玻璃注射器。
3. 药品　伤寒付伤寒混合疫苗(灭菌),灭菌生理盐水,氯丙嗪注射液,5%氨基比林溶液。

四、实验步骤

　　取正常成年兔 5 只,编号为甲、乙、丙、丁、戊,分别检查正常体温数次,体温波动较大者不宜用于本实验。兔体温在 38.5～39.6 ℃者最为合适,给乙、丙、丁三兔以耳静脉注射伤寒副伤寒混合疫苗 0.5 mL/kg,注射后,一般在 0.5 h 体温明显升高,平均升高在 1 ℃以上,5 h 后逐渐降低,至 8 h 左右完全恢复正常体温。如体温升高 1 ℃以上时则进行实验,除发烧的乙兔腹腔注射生理盐水 2 mL/kg,丁、戊两兔腹腔注射氯丙嗪注射液,甲、丙两兔各腹腔注射 5%氨基本比林溶液 2 mL/kg,给药后,每 0.5 h 测量体温 1 次;连续测量数次,观察各兔体温的变化。

(注:皮下注射灭菌牛奶 10 mL/kg,亦可使体温上升 1 ℃以上)

五、实验记录

记录给药(氯丙嗪和氨基比林)前后家兔体温的变化:

兔号	体重(kg)	药物	正常体温	发热后体温	给药后体温			
					0.5 h	1.0 h	1.5 h	2.0 h

六、思考题

氯丙嗪和解热镇痛药对家兔体温的作用有什么不同?实验结果说明了什么问题?临床上应用氯丙嗪和解热镇痛药应注意什么问题?

实验十七　钙、镁离子拮抗作用观察(选做)

一、实验目的

观察药物的拮抗作用,并了解其在临床上的意义。

二、实验原理

静脉注射大剂量的硫酸镁可以阻断外周神经肌肉的传导,使骨骼肌松弛、肌肉瘫痪、呼吸抑制,其作用机制是减少了运动神经末梢 Ach 的释放。神经末梢 Ach 的释放需要 Ca^{2+} 参与,Ca^{2+} 与 Mg^{2+} 存在相互竞争性拮抗作用。硫酸镁可以作为抗惊厥药使用,过量中毒时可以用钙制剂解救,以促进 Ach 的释放而恢复肌肉收缩功能。

三、实验材料

1. 动物　家兔。

2.器材　台式磅秤,注射器(5 mL、10 mL),5号针头,酒精棉球,干棉球。

3.药品　12.5%硫酸镁溶液,5%氯化钙溶液。

四、实验步骤

(1)家兔1只,称重,拔去耳缘静脉处被毛,观察正常活动、姿势、肌肉张力以及呼吸频率。

(2)耳缘静脉缓慢注射12.5%的硫酸镁溶液2 mL/kg,观察上述指标有何变化。

(3)当家兔肌肉松弛、低头卧倒和呼吸抑制时,立即静脉注射5%氯化钙溶液2～4 mL/kg,直到家兔起立为止。

五、实验记录

记录给药(硫酸镁和氯化钙)前后家兔的反应:

兔重(kg)	硫酸镁		氯化钙	
	给药前	给药后	给药前	给药后

六、注意事项

(1)实验前必须充分显露耳缘静脉。

(2)硫酸镁溶液注射速度要缓慢,边注射边仔细观察,静脉注射前要提前准备好氯化钙溶液,以备紧急抢救用。

(3)家兔正常呼吸频率为38～60 次/ min,严重呼吸抑制时可进行人工呼吸。

(4)本实验硫酸镁溶液的剂量较大,中毒反应发生快而严重,解救一定要及时。

七、思考题

(1)讨论硫酸镁过量中毒的机制及危险性。

(2)讨论氯化钙解救硫酸镁过量中毒的机制。

实验十八　尼可刹米的呼吸兴奋作用

一、实验目的

学习常用呼吸活动的记录法,了解尼可刹米等中枢兴奋药对呼吸抑制的抢救作用。

二、实验原理

尼可刹米选择性兴奋延髓呼吸中枢,亦作用于颈动脉体化学感受器而反射性兴奋呼吸中枢,提高呼吸中枢对 CO_2 的敏感性,使呼吸加深加快。对血管运动中枢有轻度兴奋作用。

本品作用温和,安全范围大,故临床用于各种原因引起的中枢性呼吸抑制,对阿片类药物中毒所致呼吸抑制效果较好,可首选。本品作用维持时间短,静注仅维持 10 min 左右,故常需间歇静脉给药。

三、实验材料

1. 动物　家兔。
2. 器材　固定箱,电子秤,二导记录仪,兔鼻插管,玛利氏气鼓,铁支架,双凹夹,注射器。
3. 药品　1.5%盐酸吗啡溶液,2.5%尼可刹米溶液,液体石蜡。

四、实验步骤

取家兔 1 只,称记体重,放置兔于固定箱中。将连在玛利氏气鼓上的鼻插管涂上液体石蜡后插入家兔一侧鼻孔内,用胶布固定。玛利氏气鼓与二导记录仪的机械转换器连接,调整好适当的描记曲线,开始记录(图 3-2)。

图 3-2　家兔呼吸描记装置
(引自:动物机能实验教程.白波.2004)

先记录正常呼吸曲线一段。自耳缘静脉缓慢注射盐酸吗啡 1.5% 溶液 1 mL/kg,连续描记。当出现明显呼吸抑制时,立即静脉缓慢注射尼可刹米 2.5% 溶液 2 mL/kg,观察描记呼吸曲线的变化(幅度和频率)。

五、实验记录

记录给药(吗啡和尼可刹米)前后呼吸幅度和呼吸频率:

项　目	正常	给吗啡后	给尼可刹米后
呼吸幅度(mm)			
呼吸频率(次/min)			

六、注意事项

(1)注射吗啡应缓慢,以便控制剂量到刚能引起间歇性的陈施二氏呼吸。

(2)注射尼可刹米宜慢,便于控制剂量,避免惊厥发生。

七、思考题

为什么尼可刹米较适用于吗啡急性中毒的解救?使用时应注意什么?

第二节　血液循环系统药物实验

实验十九　离体蛙心灌流及药物的影响(斯氏法)

一、实验目的

观察肾上腺素、咖啡因和洋地黄等制剂的强心作用并了解各自作用特点。

二、实验原理

蛙心离体后,用理化因素类似于两栖类动物血浆的任氏液灌注时,在一定时间内,仍保持有节律的舒缩活动,而改变灌流液的理化性质后,心脏的节律性舒缩活动亦随之改变,说明内环境理化因素的相对恒定是维持正常心脏活动的必要条件。此外,心脏受植物性神经的支配及某些体液因素的调节和药物作用的影响。因此,在灌流液中,滴加肾上腺素、乙酰胆碱及其相应的受体阻断剂心得安和阿托品等药品,可间接观察神经体液因素对心脏活动的影响。

三、实验材料

1. 动物　蟾蜍

2. 器材　生物机能系统或 BL-420 生物信号采集系统,张力换能器,探针,外科剪,小手术剪,烧杯,滴管,蛙心套管,蛙心夹,铁支架,试管夹,眼科镊,丝线,双凹夹,蛙板,蛙足钉等。

3. 药品　任氏液,低钙任氏液,10%洋地黄任氏液或 0.1%毒毛旋花子甙 K 溶液,0.04%洋地黄毒苷任氏液,0.1%盐酸肾上腺素溶液,20%安钠加溶液。

四、实验步骤

(1)取蟾蜍 1 只,使头向下,将探针于枕骨大孔处向前插入颅腔左右摇动,破坏脑组织,再将针插入脊椎管,以破坏脊髓,动物全身软瘫。

(2)仰位固定于蛙板上,先用普通剪刀将胸部皮肤剪开,再将胸部肌肉及软骨剪去,用虹膜剪剪破心包膜暴露心脏。

(3)于主动脉干以下绕一线,左右放平,备结扎用。在主动脉右侧分支下,再穿一线,尽量在远心端扎紧,左手提线,右手以眼科剪于左主动脉上向心剪一"V"形切口,将盛有任氏液的蛙心套管,通过主动脉球转向左后方,同时用镊子轻提动脉球,向插管移动的反方向拉,即可使插管尖端顺利进入心室,用主动脉干下的线结扎固定。

(4)剪断两根动脉,轻轻提起蛙心套管,再在静脉窦以下把其余血管一起结扎,在结扎下方剪断血管使心脏与蛙体分离,立即以滴管吸去蛙心套内血液,以任氏液反复冲洗数次,直到离体心脏无存血为止。最后套管内任氏液限定 1 mL。

(5)将蛙心套管固定于铁柱上,用蛙心夹夹住心尖,连于张力换能器,输入生物机能系统进行信号采集、记录和分析。

(6)用下列药物依次滴入套管内,换药前需用任氏液冲洗数次,并记录一段曲线以作对照。

①20%安钠加溶液 2～3 滴。

②0.1%盐酸肾上腺素溶液 2～3 滴。

③先换上低钙任氏液,使心收缩力明显减弱后向套管内加入 10%洋地黄任氏液 4 滴(或 0.04%洋地黄毒苷任氏液),3～5 min 后再加入 4 滴,直到心脏出现房室传导阻断。

五、实验记录

记录并打印曲线图。

六、注意事项

(1)低钙任氏液所含的氯化钙的量为一般任氏液的 1/4,其他成分不变。

(2)在实验中以低钙任氏液灌注蛙心,使心脏的收缩减弱,可以提高心肌的敏感性。

七、思考题

(1)根据曲线图中表示的幅度、频率、张力等,分析以上三药对心脏的作用特点。

(2)在本实验中可以看到强心甙的哪几种药理作用?

实验二十 利多卡因的抗心律失常作用

一、实验目的

学习氯化钡诱发大鼠心律失常的方法,观察利多卡因的抗心律失常作用。

二、实验原理

氯化钡能促进蒲氏纤维的钠离子内流,提高舒张期的除极速率,从而诱发室性心律失常,可表现为室性早搏、二联律、室上性心动过速、心室纤颤等,也是一种筛选抗心律失常药的模型。

三、实验材料

1. 动物　大鼠 2 只。

2. 器材　生物机能系统或心电图机,手术剪,眼科镊,大鼠固定台,注射器,头皮静脉注射针头,棉球等。

3. 药品　3% 戊巴比妥钠溶液,0.4% 氯化钡溶液,0.5% 利多卡因溶液,生理盐水。

四、实验步骤

取大鼠 1 只,称其体重,用戊巴比妥钠溶液 50 mg/kg 腹腔注射麻醉,背位固定于手术台。于大腿内侧股动脉处剪开皮肤约 2 cm,暴露股静脉,插入与注射器相连接头皮静脉注射针头,以备给药。

将生物机能系统或心电图机的针形电极插入大鼠的四肢及胸部皮下,作描记心电图准备(具体操作见生物机能系统或心电图说明)。描记一段正常心电图后,静脉注射氯化钡 4 mg/kg(0.4% 溶液 0.01 mL/kg),再推入生理盐水 0.05 mL/kg。立即描记心电图 20 s,以后每隔 1 min 再描记心电图一小段,连续用电脑或示波器监视,直至恢复窦性心律。记录心律失常的持续时间。

取另一只大鼠,用戊巴比妥钠溶液麻醉后用同法诱导心律失常。出现心律失常心电图后,立即由股静脉注入盐酸利多卡因 5 mg/kg(0.5% 溶液 0.01 mL/kg),按上述要求描记心电图或用电脑及示波器监视。以能否立即制止心律失常或心律失常的持续时间有无缩短为指标,评价利多卡因对氯化钡诱发心律失常的治疗作用。

五、实验记录

记录并打印心电图:

药　物	正常心电图（Ⅱ导联）	给药后心电图变化（Ⅱ导联）					
		20 s	1 min	3 min	5 min	7 min	11 min
氯化钡							
氯化钡＋利多卡因							

六、注意事项

(1)用利多卡因拮抗氯化钡的诱发心律失常作用,奏效极快,因而在推注利多卡因期间即可开始描记心电图,以便观察其转变过程。

(2)小白鼠、大白鼠、豚鼠等小动物即使发生心室纤颤,也常有自然恢复之可能。而猫、狗、猴等大动物则不然,发生心室纤颤后,多以死亡而告终。

(3)头皮静脉注射针导管内宜先用少量的生理盐水肝素溶液润湿,以防血液回流时发生凝固现象。

七、思考题

根据不同时间内的心电图变化,分析利多卡因抗心律失常的作用特点。

实验二十一　止血药及抗凝血药的作用观察(选做)

一、实验目的

观察和了解止血药及抗凝血药对血凝过程的影响。

二、实验原理

血液凝固是机体的自然止血的机制之一,血管内流动的血液若与胶原纤维等组织相接触时,就会发生一系列的连锁反应,形成凝血酶。凝血酶能促使血浆中的可溶性纤维蛋白原转化为不溶性纤维蛋白,于是血液就由液体状态变成胶冻状的血凝块。而影响血液凝固的各种因素均能促进或延缓血液的凝固。

三、实验材料

1. 动物　兔 2 只。
2. 器材　载玻片,大头针,注射器,试管,兔固定架。
3. 药品　2.5％止血敏,0.02％肝素,4％枸橼酸钠,生理盐水。

四、实验步骤

(一)止血药对凝血速度的影响

分别用针挑血滴测定其正常凝血时间。即在经过消毒但不留酒精的兔耳背上,涂一薄层凡士林,然后用针刺破耳静脉,使其自然流出血滴,以清洁干燥的玻片接取一滴血液(血滴直径约 0.5 cm)放置在有湿棉花的平皿上,以防干燥,每隔 30 s 用大头针挑血滴一次,直至针头能挑起纤维蛋白丝即表示血凝开始,记录血凝时间。同时做三个样品取中间值,然后甲、乙兔分别肌肉注射下列药物:

甲兔:2.5％止血敏 0.5 mL/kg

乙兔:生理盐水 0.5 mL/kg

10 min 后依上法开始测定血凝时间,以后每隔 10 min 测一次。

(二)抗凝血作用观察

取小试管 3 支,分别加入 4％枸橼酸钠、0.02％肝素生理盐水各 0.1 mL,然后加入从乙兔心脏采取的新鲜血液各 1 mL,摇匀后置于试管架上,20 min 观察各试管中血液有无凝血现象。

五、实验记录

(1)止血药对凝血速度的影响:

兔号	药物	体重(kg)	血凝时间(min)				
			用药前	用药后 10 s	20 s	30 s	40 s
甲	止血敏						
乙	生理盐水						

(2)抗凝血药作用观察:

试 管 号	药物	剂量	血液量	有无凝血
1				
2				
3				

六、注意事项

(1)能否正确快速地从兔耳采出血滴是测定凝血时间的关键,因此,采血前应使兔耳缘静脉充血暴露。

(2)每次挑血滴时不应从各个方向多次挑动,以免影响纤维蛋白的形成时间。

(3)为提高玻片法测定凝血时间的可靠性,防止因刺伤组织混入凝血活酶,可选用 9、12 号针头直接插入到耳缘静脉,让血液从针头滴出。亦可采用试管法和毛细玻管法测定凝血时间。

七、思考题

从实验结果分析止血药、抗凝血药的作用特点。

附 1　常用实验动物的一些生理常数

指标	小白鼠	大白鼠	豚鼠	家兔	猫	狗
适用体重(kg)	0.018～0.025	0.12～0.20	0.3～0.5	1.5～2.5	2～3	5～15
寿命(年)	1.5～2.0	2.0～2.5	5～7	5～7	6～10	10～15
性成熟年龄(月)	1.2～1.7	2～8	4～6	5～6	10～12	10～12
孕期(日)	20～22	21～24	65～72	30～35	60～70	58～65
平均体温(℃)	37.4	38.0	39.5	39.0	38.5	38.5
呼吸(次/min)	136～216	100～150	100～150	55～90	25～50	20～30
心率(次/min)	400～600	250～400	180～250	150～220	120～180	100～180
血压(mmHg)	115	110	80	105/75	130/75	125/70

续前表

指标		小白鼠	大白鼠	豚鼠	家兔	猫	狗
血量(mL/100 g 体重)		7.8	6.0	5.8	7.2	7.2	7.8
红细胞($\times 10^6/mm^3$)		7.7～12.5	7.2～9.6	4.5～7.0	4.5～7.0	6.5～9.5	4.5～7.0
血红蛋白($\times 10^4/mm^3$)		10.0～19.0	12.0～17.5	11.0～16.5	8.0～15.0	7.0～15.5	11.0～18.0
血小板($\times 10^4/mm^3$)		50～100	50～100	68～87	38～52	10～50	10～60
白细胞总数($\times 10^3/mm^3$)		6.0～10.0	6.0～15.0	8.0～12.0	7.0～11.3	14.0～18.0	9.0～13.0
白细胞分类(%)	嗜中性	12～44	9～34	22～30	20～52	44～00	00～80
	嗜酸性	0～5	1～6	5～12	1～4	2～11	2～24
	嗜碱性	0～1	1～1.5	0～2	1～3	0～0.5	0～2
	淋巴	54～85	65～84	36～64	30～82	15～44	10～28
	大单核	0～15	0～5	3～13	1～4	0.5～0.7	3～9

注:1 mmHg=133.322 Pa。

附2 常用非挥发性麻醉药的剂量

药物及常用的溶液浓度	剂量(mg/kg)								麻醉持续时间及特点
	蛙	小白鼠	大白鼠	豚鼠	家兔	猫	狗	鸡	
乌拉坦 (20%～25%)	100(淋巴囊)	1 000～1 500 (ip)	1 000～1 500 (ip)	1 000～1 500 (ip)	1 000～1 200 (iv) 1 000～1 500 (ip)	1 200～1 500 (ip)			2～4 h。对呼吸和神经反射影响小,但可降低血压
戊巴比妥钠 (1%～4%)		45～50 (ip)	40～50 (ip)	40～50 (ip)	20～25 (iv) 30～40 (ip)	30～40 (ip)	25～30 (iv) 30～40 (ip)	40～50 (im)	2～4 h。注射后作用迅速,一般最常用,肌松不够完全
硫喷妥钠 (2%～4%)					20～30 (iv)	30～50 (ip)	20～30 (iv)		约 0.5 h。常用于手术动物
苯巴比妥钠 (10%)					140～160(ip)	90～120(iv)		200 (im)	8～12 h。需经15～20 min 才进入麻醉,麻醉较稳定
氯醛糖+乌拉坦(混合溶液含氯1%、乌7%)					氯65+乌450 (iv 或 ip)	氯65+乌450 (ip)			5～6 h。对神经反射及心血管的影响较小

注:iv 是静脉注射,ip 是腹腔注射,im 是肌肉注射。

造成动物对药物敏感性种属差异的因素甚多。上述不同种类动物间剂量的换算法只能提供粗略的参考值。究竟是否恰当,须通过实验才能了解。

附3 常用抗凝剂的浓度及用法

一、草酸钾

常用于供检验用血液样品之抗凝剂。在试管内加饱和草酸钾溶液 2 滴,轻轻敲击试管,使溶液分散到管壁四周,置 80 ℃以下的粉箱中烤干(如烘烤的温度过高,草酸钾将分解为碳酸钾而失去抗凝作用)。这样制备的抗凝管可使 3～5 mL 血液不致凝固。供钾、钙含量测定的血样不能用草酸钾抗凝。

二、肝素

取 1%肝素溶液 0.1 mL 于试管内,均匀浸湿试管内壁,放入 80～100 ℃烘箱烤干。每管能使 5～10 mL 血液不凝。

市售的肝素注射液每毫升含肝素 12.500 u(相当于肝素钠 125 mg),应置于冰箱中保存。

三、枸橼酸钠

3.8%的枸橼酸钠溶液 1 份可使 9 份血液不致凝固,用于红细胞沉降速率之测定。因其抗凝血作用较弱而碱性较强,不适用于供化验用的血液样品。做急性血压实验时则用 5%～7%的枸橼酸钠溶液。

附4 常用生理溶液的成分和配制

成分及储备液浓度	每 1 000 mL 所需量					
	生理盐水 (Physiological soline solution)	任氏液 (Ringer's)	任洛氏液 (Ringer-Locke's)	台氏液 (Tyrode's)	克氏液 (Kreb's)	戴雅隆氏液 (De Jalon's)
NaCl(g)	9	6.5	9	8	6.9	9
10%KCl(mL)		1.4(0.14 g)	4.2(0.42 g)	2.0(0.20 g)	3.5(0.35 g)	4.2(0.42 g)
10%MgSO$_4$·7H$_2$O(mL)				2.6(0.26 g)	2.9(0.29 g)	
5%NaH$_2$PO$_4$·2H$_2$O(mL)		0.13(0.0065 g)		1.3(0.065 g)		
10%KH$_2$PO$_4$(mL)					1.6(0.16 g)	
NaHCO$_3$(g)		0.2	0.5	1	2.1	0.5
1 mol/L CaCl$_2$(mL)		1.08(0.12 g)	2.16(0.24 g)	1.8(0.20 g)	2.52(0.28 g)	0.54(0.06 g)
葡萄糖(g)		2	1	1	2	0.5
通气		空气	O$_2$	O$_2$ 或空气	O$_2$+5%CO$_2$	O$_2$+5%CO$_2$
	哺乳类小量静脉注射	用于蛙类器官	用于哺乳类心脏等	用于哺乳类肠肌等	用于哺乳类及鸟类的各种组织	用于大鼠子宫,低钙可抑制自发收缩

注:①生理溶液各家主张不一。本表主要根据 The Staff of the Department of Pharmacology, University of Edingburgh: Pharmacological Experiments on Isolated Preparations, Livingstone, Edingburgh and London, 1970.

②配制含氯化钙的溶液时,必须将氯化钙单独溶解,充分稀释,然后才能与其他成员配成的溶液相混合,否则可能导致碳酸钙或磷酸钙沉淀析出。

③葡萄糖应在临用前加入,以免滋长细菌。

附5 常用实验动物的注射量及针头规格

动物	给药部位	给药量（mL/kg）	针头规格（号）
蛙	淋巴囊	0.25～0.5	6、7
小鼠	静脉	0.2～0.4	4
	肌肉	0.1	4、5
	皮下	0.1～0.4	5、6
	腹腔	0.2～0.6	5、6
	灌胃	0.2～0.6	小鼠灌胃器或12、16号针头自制
大鼠	静脉	1.0～5.0	4、5
	肌肉	0.5～1.0	5、6
	皮下	0.5～1.0	5、6
	腹腔	1.0～5.0	5、6
	灌胃	1.0～5.0	大鼠灌胃器或16号针头自制
兔	静脉	0.2～2.0	5、6、7
	肌肉	0.5～1.0	6、7
	皮下	0.5～1.0	6、7
	腹腔	1.0～5.0	6、7
	灌胃	5.0～20	8号导尿管

注：造成动物对药物敏感性种属差异的因素甚多。上述不同种类动物间剂量的换算法只能提供粗略的参考值。究竟是否恰当，须通过实验才能了解。

附6 处方常用拉丁文缩写词

拉丁文缩写	中文意义	拉丁文缩写	中文意义
aa	各	s. s	一半
et	及、和	q. s	适量
sig.（S.）	用法、指示	Ad.	加至
a. m.	上午	Aq.	水
p. m	下午	Aq. dest.	蒸馏水
St.（Stat.）	立即、急速	Ft.	配成
q. h.	每小时	Dil	稀释
q. d.	每日1次	M. D. S.	混合后给予
B. i. d.	每日2次	Co.（Comp.）	复方的
T. i. d.	每日3次	Mist	合剂
Q. i. d.	每日4次	Pulv.	散剂
q. 4h.	每4小时1次	A mp.	安瓿剂
p. o.	口服	Emul.	乳剂
ad us. int.	内服	Tr.	酊剂
ad us. ext	外用	Neb.	喷雾剂

续前表

拉丁文缩写	中文意义	拉丁文缩写	中文意义
H. H	皮下注射	Ung.	软膏剂
im. M	肌肉注射	Tab.	片剂
iv. V	静脉注射	Inj.	注射剂
iv gtt.	静脉滴注	Caps.	胶囊剂
ig.	灌胃	Liq.	溶液剂
ip.	腹腔注射	Ol.	油剂
Inhal.	吸入	Syr.	糖浆剂
No. (N.)	数目、个	Lot.	洗剂
p. r. n.	必要时	Linim.	擦剂
s. o. s.	需要时	agit.	振荡

第三节　消化系统药物实验

实验二十二　药物对在体胃肠道蠕动的影响(必做)

一、实验目的

学习胃肠道推进运动实验法,观察药物对胃肠道蠕动的影响。

二、实验原理

依文思兰是一种染料,其在胃肠道的推进距离可指示药物对胃肠道蠕动的作用(增强或抑制)及程度(强或弱),从而直观地观察药物对在体胃肠道蠕动的影响。

三、实验材料

1. 动物　小白鼠,体重 18～22 g。
2. 器材　电子秤(或天平),小白鼠灌胃针头,1 mL 注射器,组织剪,眼科剪,眼科镊,直尺,搪瓷盘,烧杯,棉签。
3. 药品　0.001%乙酰胆碱,0.001%硫酸新斯的明,0.125%吗丁啉,0.01%盐酸肾上腺素,0.1%盐酸吗啡,生理盐水,0.4%依文思兰,苦味酸。

四、实验步骤

(1)禁食 12～24 h 的小白鼠 6 只,称重,标记。
(2)按剂量 0.2 mL/10 g 给 1～5 号小白鼠分别灌胃 0.001%乙酰胆碱,0.001%硫酸新斯的明,0.125%吗丁啉,0.001%肾上腺素和 0.1%盐酸吗啡,6 号鼠用生理盐水灌胃,记录给药时间。

（3）给药 5 min 后，各小鼠均灌胃 0.4％依文思兰 0.2 mL，记录给药时间。

（4）给药 15 min 后，将各小鼠断颈椎处死，迅速破开腹腔，找到胃幽门和回盲部，剪断小肠肠管，分离肠系膜，小心置于湿润的搪瓷盘内，轻轻将肠管摆成直线。测量小肠的总长度和依文思兰在肠内移动的距离（即幽门至肠内依文思兰最前沿处的长度），计算依文思兰移动率。公式如下：

$$依文思兰移动率（\％）＝依文思兰在肠内移动的距离/小肠的总长度×100$$

五、实验记录

记录依文思兰移动长度，并计算依文思兰移动率：

编号	药物	剂量(mg/kg)	小肠总长度(mm)	依文思兰移动长度(mm)	依文思兰移动率(％)
1	乙酰胆碱				
2	新斯的明				
3	吗丁啉				
4	肾上腺素				
5	吗啡				
6	生理盐水				

六、注意事项

（1）给药量要准确，各鼠给药及处死时间要一致，测量肠管长度应避免过度牵拉。

（2）若依文思兰移动有中断现象，应以移动最远处为测量终点。

（3）取出小肠后如用甲醛固定，测量结果会更准确。

（4）为避免个体差异，可以总结全班各组的实验结果。

七、思考题

仔细观察记录实验结果并分析乙酰胆碱、新斯的明、吗丁啉、肾上腺素和吗啡各属于哪类药物，对胃肠道各有何作用？其机理如何？临床上各有何用途？

实验二十三　药物对离体肠运动的影响（选做）

一、实验目的

学习兔离体肠道的制备方法，观察药物对离体兔肠运动的影响。

二、实验原理

生理药理记录仪（二导仪）可测量和记录血压、心电、呼吸、脉搏、胃肠平滑肌、骨骼肌、心肌收缩等肌体组织的运动状态。本实验制备兔离体肠道，与张力换能器相连，在二导仪上显示用药后的肠运动状态（张力、幅度和节律），从而观察药物对离体肠运动的影响。

三、实验材料

1. 动物　家兔。

2. 器材　麦氏浴槽，二导仪，张力换能器，手术剪，眼科镊，注射器，培养皿，缝针，棉线。

3. 药品　0.1%盐酸吗啡，0.05%硫酸新斯的明，0.01%盐酸肾上腺素，0.125%吗丁啉，0.05%硫酸阿托品，0.01%乙酰胆碱，台氏液。

四、实验步骤

（1）离体兔肠段标本的制备：取空腹家兔1只，左手持髂上部，右手握木棒，猛击枕骨部致死。迅速开腹，自幽门下6 cm处剪取空肠，剪成约2 cm的小段，放入盛有台氏液的培养皿中备用。

（2）取约2 cm长的制备好的兔空肠标本，在盛有台氏液的培养皿中，于肠段两端用缝针各穿一线，其一端系在通气管的小钩上，将通气管连同肠段放入盛有（38±0.5）℃台氏液的麦氏浴槽内（台氏液量约30 mL）。此时，螺旋夹控制给氧的气泡，以每分钟100～120个气泡为宜。另一端系在调好的二导仪的张力换能器上。

（3）连接后，使肠段平稳5 min，打开记录仪描记一段离体小肠平滑肌的正常收缩曲线，注意观察基线水平、收缩幅度和节律，然后给药。

（4）在麦氏浴槽中加入0.1%盐酸吗啡2～4滴，观察肠肌张力、幅度及节律的变化，放掉浴槽中的台氏液，加入预先准备好的38 ℃新鲜台氏液，重复更换2～3次新鲜台氏液，待肠段活动恢复至对照水平时，进行下一项实验。

（5）在麦氏浴槽中加入0.05%硫酸新斯的明0.5 mL，观察肠肌张力、收缩幅度及节律的变化。待作用出现后，更换新鲜台氏液，肠段活动恢复后进行下一项实验。

（6）在麦氏浴槽中加入0.01%盐酸肾上腺素2～4滴，观察及更换新鲜台氏液同上。

（7）在麦氏浴槽中加入0.125%吗丁啉0.5 mL，观察及更换溶液同上。

（8）在麦氏浴槽中加入0.05%阿托品2～4滴，经3 min后，再加入0.01%乙酰胆碱2～4滴，观察肠段张力、收缩幅度及节律的变化。

五、实验记录

记录正常离体肠肌及加入各种药物后的张力和收缩情况变化：

编号	药物	肠肌张力	肠肌收缩幅度	肠肌收缩节律
0	无			
1	吗啡			
2	新斯的明			
3	肾上腺素			
4	吗丁啉			
5	阿托品			
6	乙酰胆碱			

六、注意事项

(1)控制浴槽中的水温,以保持肠段的收缩功能与药物反应。

(2)加药前,先准备好每次更换用的38℃的台氏液。

(3)每次加药出现反应后,必须立即更换浴槽内的台氏液,至少2次。每项实验加入台氏液的量应相同。须待肠段运动恢复正常后再进行下一项实验。

(4)上述各药用量是参考剂量,若效果不明显,可以适当增加药物剂量。

(5)供氧的气泡过大过急都会使悬线振动,导致标本较大幅度地摆动而影响记录结果。

七、思考题

观察并分析吗啡、新斯的明、肾上腺素、吗丁啉、阿托品和乙酰胆碱对小肠平滑肌收缩活动的影响及作用机理。

附:台氏液配制方法

NaCl 8.0 g,KCl 0.2 g,CaCl$_2$ 0.2 g,NaHCO$_3$ 1.0 g,NaH$_2$PO$_4$ 0.05 g,MgCl$_2$ 0.1 g,葡萄糖1.0 g,加蒸馏水至1000 mL。注意:CaCl$_2$溶液须在其他基础溶液混合并加蒸馏水稀释之后,方可一面搅拌一面逐滴加入,否则将生成钙盐沉淀。葡萄糖应在临用时加入,加入葡萄糖的溶液不能久置。

实验二十四　硫酸镁的导泻作用

一、实验目的

通过硫酸镁对肠道的作用了解盐类泻药的导泻作用机理。

二、实验原理

渗透压是影响肠吸收的重要因素。盐类泻药易溶于水,其水溶液中的离子(如 Mg^{2+}、SO$_4^{2-}$)不易被肠壁吸收,在肠内形成高渗环境,阻止肠内水分吸收和将组织中水分吸入肠管,使肠内保持大量水分,增大肠内容积,对肠壁感受器产生机械的刺激,再加上盐类离子对肠黏膜的化学刺激,反射地促进肠蠕动。随着肠管蠕动,水分向粪块中央渗透,发挥其浸泡、软化和稀释作用,使之随着肠蠕动而排出体外。

三、实验材料

1.动物　家兔。

2.器材　兔手术台,毛剪,剪刀,镊子,烧杯,止血钳,止血纱布,注射器,棉线。

3.药品　1％硫喷妥钠,6.5％和20％硫酸镁,生理盐水。

四、实验步骤

(1)将兔称重,耳静脉缓慢注射1％硫喷妥钠1～2 mL/kg,使之麻醉。

(2)将兔仰卧保定于手术台上,将兔腹部剪毛,消毒后,沿腹中线剪开腹壁,取出小肠(以空肠为佳,若有内容物应小心把肠内容物向后挤),用不同颜色的棉线将肠管结扎成等长的三段(3 cm),每段分别注射1 mL的生理盐水、6.5％和20％的硫酸镁溶液。

(3)注射完毕后,将小肠放回腹腔,并以浸有39 ℃生理盐水的药棉覆盖,以保持温度和湿润,后将腹壁用止血钳封闭,40 min后打开腹腔,观察三段结扎小肠的容积变化。

五、实验记录

记录注射生理盐水和不同浓度硫酸镁后小肠的容积变化:

肠段号	药物	容积变化
1	6.5％硫酸镁	
2	20％硫酸镁	
3	生理盐水	

六、注意事项

(1)选择肠管的长度和粗细尽量相同。

(2)结扎时保证三段肠管间不相通。

(3)每段的小肠血管要比较均匀。

(4)注射前肠管充盈度尽量相同。

(5)注射时不要损伤肠系膜血管和神经。

七、思考题

从实验结果说明硫酸镁的导泻机理,临床应用盐类泻药应注意哪些问题。

第四节　呼吸系统药物实验

实验二十五　药物的祛痰作用

一、实验目的

学习利用小鼠酚红法来观察药物的祛痰作用,并掌握祛痰药的作用机理。

二、实验原理

酚红是一种小分子有机酸,吸收入血后不被机体所代谢,以原形从肾排泄,也可随气管分泌液经气管排泄。进入气管内的酚红量同气管分泌液的量成正比,将气管冲洗液离心后于分光光度计上比色(L＝546 nm),然后由标准曲线上可求出气管冲洗液中酚红浓度。小鼠酚红法就是利用酚红的这种特性来间接测定药物的祛痰作用。

三、实验材料

1. 动物　小白鼠,体重 18～22 g,雌雄兼用。

2. 器材　注射器(1 mL),灌胃针,手术剪,眼科剪,眼科镊,气管冲洗针,试管,试管架,蛙板,台式天平。

3. 药品　100％远志煎剂,0.6％酚红溶液,5％$NaHCO_3$ 溶液,苦味酸。

四、实验步骤

(1)取小鼠 2 只(实验前禁食 8～12 h),称重、标号。1 只用自来水 0.3 mL/10 g 灌胃,另 1 只用同量的远志煎剂灌胃,同时每只小鼠颈背部皮下注射 0.6％酚红溶液 0.2 mL/10 g。

(2)1 h 后脱颈椎处死小鼠,背位固定于蛙板上,然后沿颈部正中线剪开皮肤,长 1.5～2 cm,分离肌肉,暴露气管,于气管下穿一线备用,在环状软骨下将气管剪一小口,向心方向插入气管冲洗针,深约 0.5 cm,结扎固定。

(3)用 1 mL 注射器取 5％$NaHCO_3$ 溶液 0.8 mL,每次缓慢而不停顿地推入 0.4～0.6 mL再抽出,冲洗完毕后将洗出液放入一试管内,同上法重复 2 次,合并 3 次洗出液 2.0～2.4 mL,与标准酚红管进行目测比色,若给药鼠的酚红浓度为对照鼠的 2 倍时认为有效,超过 2.5 倍时认为显效。

五、实验记录

记录自来水和远志对祛痰作用的效果:

鼠号	药物	有效	显效
1	自来水		
2	远志		

六、注意事项

(1)解剖分离气管时,勿损伤甲状腺及周围的血管,以防止血液污染了气管洗液而影响比色结果。

(2)气管冲洗针插入气管时勿用力过大,以免刺破气管,针头也不应插入太深,以免进入支气管。

(3)在用 5％$NaHCO_3$ 溶液冲洗时,应缓慢,不要推入空气,每次尽可能把推入体内的液体都抽出来。

(4)比色用的试管内径及管壁的厚薄,应尽量与标准酚红比色管相一致。

七、思考题

小鼠酚红法适用于筛选哪一类祛痰药?

附　酚红标准液的配制方法

(1)0.6％酚红溶液的配制:用分析天平准确称取酚红 0.68 g,加入 2％NaOH 溶液 0.34 mL,然后加入 0.75％NaCl 溶液至 100 mL。

(2)标准酚红管的配制:取 0.6％酚红溶液 0.2 mL,加 5％$NaHCO_3$ 溶液至 200 mL 得 6 $\mu g/mL$,再用 5％$NaHCO_3$ 溶液依次稀释成 5 $\mu g/mL$、4 $\mu g/mL$、3 $\mu g/mL$、2 $\mu g/mL$、1 $\mu g/mL$、0.5 $\mu g/mL$。每个比色管的毫升数相等,放入暗处保存。

实验二十六　可待因的镇咳作用

一、实验目的

学习用浓氨水引咳的方法,观察可待因的镇咳作用。

二、实验原理

咳嗽是一种清除气道阻塞或异物的防御性呼吸反射。咳嗽反射弧由四个环节组成: 感受器(呼吸道)→传入神经(主要为迷走神经)→咳嗽中枢→传出神经效应器。

从咳嗽的反射弧来看,目前常用的引咳方法主要是刺激呼吸道上的感受器或传入神经, 有机械刺激法、电刺激法、化学刺激法,化学刺激法又分为气雾吸入法和直接注入法,气雾吸 入法适用于麻醉动物,直接注入法适用于清醒动物。

三、实验材料

1.动物　小白鼠,体重 18～22 g,雌雄兼用。

2.器材　鼠笼,天平,灌胃器,棉球,大烧杯。

3.药品　0.3％磷酸可待因,0.9％生理盐水,浓氨水。

四、实验步骤

(1)每组取 8 只小鼠,称重,标记,随机分两组。

(2)给药:实验组,可待因 0.2 mL/10 g;对照组,生理盐水 0.2 mL/10 g,每只小鼠给药间隔 4 min 左右。

（3）给药后 30 min 将小鼠扣入 500 mL 烧杯中，再将注入 0.2 mL 浓氨水的棉球迅速放入烧杯中，立即记录小鼠的咳嗽潜伏期和 2 min 内的咳嗽次数。

五、实验记录

记录每只小鼠咳嗽潜伏期及 2 min 内的咳嗽次数，然后求其平均值。

六、注意事项

（1）8 个棉球的大小、松紧程度要适中，尽量一致。

（2）潜伏期即把棉球放入后至第一次咳嗽的时间。

（3）小鼠咳嗽很难听到声音，因此应注意观察，表现为剧烈腹肌收缩并张嘴。

（4）磷酸可待因为混悬液，应混匀后再用，以保证给药均匀。

七、思考题

可待因镇咳作用的机理是什么？

实验二十七　氨茶碱对豚鼠组胺引喘的平喘作用

一、实验目的

观察药物对气管收缩剂的拮抗作用，掌握氨茶碱的平喘作用。

二、实验原理

哮喘是一种以呼吸道炎症和呼吸道高反应性为特征的疾病，其发病机制包括呼吸道炎症、支气管平滑肌痉挛性收缩、支气管黏膜充血水肿及呼吸道腺体分泌亢进等多个环节。凡能拮抗发病病因或缓解喘息症状的药物均有平喘作用。

三、实验材料

1. 动物　豚鼠，体重 100～152 g，雌雄兼用。

2. 器材　药物喷雾装置，1 mL 注射器。

3. 药品　生理盐水，0.4％磷酸组织胺溶液，12.5％氨茶碱溶液，1.25％异丙肾上腺素溶液，0.1％肾上腺素注射液。

四、实验步骤

(1)动物筛选:取 150~200 g 豚鼠,放入约 4 L 的玻璃喷雾箱内,以 400 mmHg 的恒压喷入 0.4％磷酸组织胺溶液 8~15 s,密切观察豚鼠反应,如见抽搐跌倒,应立即将其取出,以免死亡,并记录引喘潜伏期(从喷雾开始到跌倒的时间)。正常豚鼠引喘潜伏期不超过 150 s,大于 150 s 认为不敏感,不予选用。

(2)次日取经过筛选的豚鼠 4 只,分别腹腔注射 12.5％氨茶碱 0.1 mL/100 g(125 mg/kg),1.25％异丙肾上腺素 0.1 mL/100 g(12.5 mg/kg),0.1％肾上腺素 0.1 mL/100 g(1 mg/kg),生理盐水 0.1 mL/100 g,30 min 后测其引喘潜伏期。

五、实验记录

记录给药前后引喘潜伏期:

编号	体重(g)	药物	给药量(mL)	引喘潜伏期(s)
1		生理盐水		
2		异丙肾上腺素		
3		肾上腺素		
4		氨茶碱		

六、注意事项

各鼠每天只能测引喘潜伏期一次,如一天内测多次会影响实验结果。

七、思考题

异丙肾上腺素、肾上腺素和氨茶碱的平喘作用机理和临床适应证有何不同?

第五节　泌尿系统药物实验

实验二十八　药物对家兔的利尿作用的影响

一、实验目的

根据尿量的多少,了解几种利尿药的利尿作用。

二、实验原理

尿液的生成过程受多种因素影响。本实验通过改变某些影响肾小球滤过或肾小管、集合管重吸收的因素,观察对尿量的影响。肾小管毛细管压与有效滤过压关系密切,而前者与体循环动脉血压相关。同时通过观察动脉血压,可以间接了解有效滤过压的变化趋势。

三、实验材料

1. 动物　家兔。
2. 器材　兔手术台,哺乳动物手术器械一套,膀胱套管,记滴器,培养皿。
3. 药品　20％乌拉坦,生理盐水,抗利尿素,50％葡萄糖,20％明胶,速尿。

四、实验步骤

1. 兔的麻醉　用20％乌拉坦溶液(1 g/kg)沿耳缘静脉注射麻醉后,将兔仰卧固定于手术台上,剪下腹部的毛。
2. 尿液收集方法　从耻骨联合向上沿正中线作约4 cm长的皮肤切口,再沿腹白线剪开腹壁及腹膜,将膀胱翻至体外(勿使肠管外漏,以免血压下降)。在膀胱底部找到两侧输尿管,认清两侧输尿管在膀胱的开口部位。小心地在两侧输尿管下方穿一棉线,将膀胱上翻,结扎尿道。再在膀胱顶部血管较少处做一荷包缝合,中心作一小切口,插入膀胱插管或塑料管(该套管末端接有塑料管并充满生理盐水,再用止血钳夹紧),插管口需对准两输尿管出口,收缩缝线结扎固定,导管的另一端连至记滴器。松开止血钳,尿液经橡皮管滴出。轻轻将膀胱连同膀胱导管送入腹腔,腹部切口处用止血钳轻轻夹住,并用温生理盐水纱布覆盖手术部位。
3. 观察项目
   (1)记录正常尿量,记录3 min尿液的滴数。
   (2)按10 mL/kg静脉快速注射生理盐水,观察尿量变化,同样记录3 min,并于2～3 min后开始下一步实验。
   (3)静脉注射抗利尿激素2单位,观察尿量变化(同上)。
   (4)静脉快速输入50％葡萄糖(4 mL/kg)20 mL,5 min内注完,观察尿量变化(同上)。
   (5)静脉注射预先加热的37 ℃明胶10～15 mL,观察尿量的变化(同上)。
   (6)静脉注射速尿0.5 mL,观察尿量的变化(同上)。
   (7)静脉注射1∶10 000盐酸肾上腺素0.2～0.3 mL,观察尿量变化(同上)。

五、实验记录

记录用药前后家兔的泌药量:

项目	正常	生理盐水	抗利尿素	50％葡萄糖	明胶	速尿	肾上腺素
尿量 (滴/min)							

六、注意事项

(1)做膀胱插管时,应避免将双侧输尿膀胱处结扎。

（2）膀胱或输尿管的插管内充满生理盐水。

（3）每项实验前后,均应有对照记录,尿量基本恢复后再进行下一步。

（4）保护耳缘静脉。若耳缘静脉无法继续注射,可做颈静脉注射。

（5）兔重最好在 2.0～3.0 kg 之间,实验前多喂水和蔬菜。

七、思考题

（1）试分析尿液生成的主要环节,讨论各因素影响尿生成的机理。

（2）如何用实验方法测定肾小球的滤过率?

第六节　生殖系统药物实验

实验二十九　子宫收缩药对离体子宫的影响

一、实验目的

学习离体子宫平滑肌运动的描记方法,观察垂体后叶素、麦角新碱和益母草对离体子宫的兴奋作用,并了解其临床作用。

二、实验原理

在间情期,子宫的运动极为缓慢,微弱而不规则,妊娠期则子宫肌静止,其活动受植物神经和某些激素的调节。垂体后叶素及麦角新碱能兴奋子宫平滑肌,加强子宫的收缩,可用于催产、胎衣不尽、排出死胎、子宫蓄脓、产后子宫出血和子宫脱出等病症,但其作用特点决定了它们在临床应用下也有所差别。

三、实验材料

1. 动物　未孕豚鼠。

2. 器材　手术器械,RM-6000 型四导生理记录仪或 BL-420 生物信号采集系统,滴管。

3. 药物　5 u/mL 垂体后叶素或催产素,马来酸麦角新碱,1:1 益母草煎剂,洛氏液。

四、实验步骤

（1）开机并启动 BL-420 生物信号采集系统,预热 15 min。

（2）软件操作参看第一章第四节:仪器设备的使用。

（3）取未孕雌性豚鼠,于实验前 1～2 天肌注己烯雌酚注射液 100 μg/kg,使动物处于动情前期或动情期。将离体器官测定仪恒温水浴调节至水温(38±0.5) ℃,在水浴中的麦氏浴皿内盛装 50 mL 洛氏液。

击昏动物,放血致死,剖开腹腔。剪下子宫角(细心剥离周围之结缔组织),取 2 cm 一段,一端系于 Z 形管的弯钩上,并放入离体器官测定仪的麦氏浴皿内,另一端与 BL-420 生物机能实验系统换能器或生理仪上的小钩相连,缓缓通入空气(每秒钟 1 或 2 个气泡)。记录子宫正常收缩曲线 3 min。然后试验下列药物的作用:

①加入 0.2 mg/mL 麦角新碱 0.2 mL,描记子宫收缩曲线。待作用明显后,用洛氏液冲洗三次。

②加入 0.1 u/mL 催产素注射液 0.01 mL 后,描记子宫收缩曲线,待作用明显后,用洛氏液冲洗三次。

③加入 1:1 益母草煎剂 1~2 mL。记录子宫收缩曲线。

五、实验记录

记录子宫用药前后的收缩曲线并填写下表:

子宫收缩力	用药前	用药后		
		麦角新碱	垂体后叶	益母草煎剂
张力				
强度(幅度)				
频率(次/10 min)				
子宫活动力				

六、思考题

(1)本实验所用三种药物对子宫平滑肌的作用有何异同?

(2)子宫收缩药物在兽医临床上有何应用?

第七节　皮质激素类药物实验

实验三十　氢化可的松或地塞米松对急性炎症的影响

一、实验目的

学习抗炎药物的研究方法,观察二甲苯的致炎作用和糖皮质激素的抗炎作用。

二、实验原理

糖皮质激素具有强大的抗炎作用,能对抗各种原因如物理、化学、生理、免疫等所引起的炎症,在炎症早期可减轻渗出、水肿、毛细血管扩张、白细胞浸润及吞噬反应,从而改善红、肿、热、痛等症状。

三、实验材料

1.动物　小白鼠,体重 18~22 g。

2.器材　电子天平,1 mL 注射器,剪刀,镊子,直径 8 mm 打孔器,锤子,木板,棉棒。

3.药品　0.5%氢化可的松或地塞米松,二甲苯,生理盐水。

四、实验步骤

(1)取健康小白鼠 4 只,称重,编号,并随机分为两组。

(2)两组分别腹腔注射 0.5%氢化可的松(或地塞米松)和生理盐水 0.1 mL/10 g,记录给药时间。

(3)给药后 30 min,两组小白鼠于左耳廓前后均匀涂二甲苯 0.02 mL,右耳不涂药物,作为自身空白对照。

(4)给药后 60 min 将小鼠颈椎脱臼致死,沿耳廓基线剪下双耳,用打孔器分别在双耳同一部位打下圆耳片,分别称重,并按以下公式计算肿胀度和肿胀率。

$$肿胀度 = 左耳片重 - 右耳片重$$
$$肿胀率(\%) = (左耳片重 - 右耳片重)的平均值/右耳片重的平均值 \times 100$$

五、实验记录

计算肿胀度和肿胀率填入表:

分组	药物	给药剂量(mg/kg)	平均肿胀度(mg)	平均肿胀率(%)
1	氢化可的松			
2	生理盐水			

六、注意事项

(1)涂擦二甲苯应均匀,剂量准确,涂擦的部位应与取下的耳片相吻合。

(2)打孔器应锋利,一次性取下耳片。

七、思考题

糖皮质激素对炎症有何作用,其抗炎机制是什么? 临床应用时应注意什么问题?

实验三十一　糖皮质激素稳定红细胞膜的作用(选做)

一、实验目的

观察氢化可的松稳定红细胞膜的作用。

二、实验原理

糖皮质激素具有广泛的药理作用,包括抗炎、抗免疫、抗毒素、抗休克和影响代谢,具有以上药理作用的主要原因是糖皮质激素具有稳定细胞膜及细胞器膜尤其是溶酶体膜的作用。本实验用大剂量的糖皮质激素氢化可的松稳定红细胞膜,抑制溶血现象的发生,旨在观察糖皮质激素稳定细胞膜的作用。

三、实验材料

1. 器材　试管,试管架,注射器,滴管。
2. 药品　0.5%氢化可的松生理盐水,2%红细胞混悬液,0.01%皂苷,生理盐水。

四、实验步骤

取 3 支带刻度的试管,按下表中的剂量、时间和顺序分别依次加入下列药物:

药物	1#	2#	3#
2%红细胞混悬液	1.0 mL	1.0 mL	1.0 mL
生理盐水	1.0 mL		0.5 mL
0.5%氢化可的松		0.5 mL 10 min 后	
0.01%皂苷		0.5 mL 10 min 后	0.5 mL
观察记录红细胞有无溶血			

五、实验记录

观察红细胞有无溶血,并将结果记录在上表中。

六、思考题

糖皮质激素对生物膜的保护作用的理论意义和临床意义是什么?

附　2%红细胞混悬液的制备

取兔血 5～10 mL,去纤维,分别放入刻度离心试管中,加 3～4 倍体积生理盐水洗涤,离心(3 000 r/min,10 min),弃去上清液。如此反复 3 或 4 次,直至上清液无色为止。取 1 mL 血球加生理盐水稀释至 50 mL 即可。

实验三十二　糖皮质激素对白细胞吞噬功能的影响(选做)

一、实验目的

学习糖皮质激素对白细胞吞噬功能影响的研究方法,观察地塞米松抑制中性白细胞吞噬功能的作用。

二、实验原理

糖皮质激素对炎症最重要的抑制作用是抑制粒细胞(主要是成熟的嗜中性白细胞)在炎症部位积聚,抑制网状内皮系统活性,降低粒细胞、单核细胞等的浸润与吞噬功能,减少到达炎症区的细胞数量,抑制炎症发展。本实验通过比较地塞米松用药组和对照组的中性白细胞对细菌的吞噬百分率和吞噬指数,观察地塞米松对白细胞吞噬功能的影响。

三、实验材料

1.动物　大白鼠。

2.器材　无菌试管,滴管,吸管,小烧杯,载玻片,显微镜,恒温水浴,血球计数器,剪刀。

3.药品　0.5%地塞米松磷酸钠注射液,无菌生理盐水,金黄色葡萄球菌肉汤培养液,瑞氏染色液,饱和草酸钾溶液。

四、实验步骤

(1)在实验前2天取大白鼠2只,称重,标记。甲鼠腹腔注射0.5%地塞米松磷酸钠1 mL/kg,乙鼠腹腔注射相应量生理盐水,每日2次,连续2天。

(2)实验当天,取小烧杯2只,加入饱和草酸钾溶液(或肝素钠)少许,均匀湿润底壁。剪断甲、乙两鼠的颈动脉放血,分别滴入2滴置抗凝剂的小烧杯中,轻轻摇匀,以防凝血。

(3)取上述抗凝血各0.5 mL于2支试管内,各加预先准备好的菌液0.2 mL(即1.2×10^8个细菌),轻轻混匀,置37 ℃水浴中保温。

(4)30 min后取出,用滴管将上清液及血细胞表面层转移到另一试管内,以2 000 r/min离心5 min,然后吸取沉淀物的表面层涂片,自然干燥后用瑞氏液染色,油镜下检查,记录以下指标:

①吞噬百分率,计数50或100个中性白细胞,记录其中吞噬了细菌的白细胞数,计算百分率。

②吞噬指数,即每个具有吞噬活性的白细胞的平均吞噬细菌数。如50个中性白细胞中有32个具有吞噬活性,共吞噬细菌60个,吞噬指数即为60/32=1.87。

五、实验记录

计算给药前后白细胞吞噬百分率和吞噬指数填入下表:

鼠号	药物	吞噬百分率	吞噬指数
甲			
乙			

六、注意事项

(1)如在一张血片上计数不到 50 个中性白细胞,可采用几张血片计数到 50 个中性白细胞。

(2)大白鼠颈动脉放血,置于含有抗凝剂的小烧杯内,可供几个实验组取用。

七、思考题

地塞米松对中性白细胞的吞噬活动有何影响?糖皮质激素类药物的这一作用有何临床意义?

附 菌液的制备

需无菌操作。取培养 16~18 h 的金黄色葡萄球菌肉汤液,分装于无菌试管内,经 3 000r/min离心 30 min,使细菌下沉。倒去肉汤液,再用无菌生理盐水洗涤 2 次,最后经 80 ℃加温 60 min 灭活之,置冰箱保存备用。应用期不超过 1 个月。用时以无菌生理盐水将细菌稀释到 $6 \times (10^7 \sim 10^8)$ 个/mL。

第八节 抗微生物药物实验

实验三十三 纸片法、杯碟法对抗菌药物的抗菌作用比较

一、实验目的

了解抗菌药物的体外抑菌作用;初步了解实验的一般方法和实验结果的判断。

二、实验原理

氟哌酸是第三代人工合成的喹诺酮类抗菌药。青霉素、庆大霉素、多黏菌素是抗生素类抗菌药。虽然它们同属于抗菌药,但对革兰氏阳性菌、革兰氏阴性菌和铜绿假单胞菌(绿脓杆菌)等作用各不相同。在平板抑菌试验中,药物对细菌抗菌活性愈强者,其抑菌圈愈大,即细菌对该药物的敏感度高;反之,则抑菌圈愈小,即细菌对该药的敏感度愈低;药物对细菌无作用者,则在细菌平板上无抑菌圈出现。这样,通过测量药物对细菌琼脂平板的抑菌圈直径大小,即可比较出上述各药的体外抗菌作用。

三、实验材料

1.菌株 金黄色葡萄球菌,大肠埃希菌(大肠杆菌),铜绿假单胞菌(绿脓肝菌)。

2. 器材　灭菌棉签或接种环,无菌小镊子,测量尺,玻璃铅笔,无菌平皿,无菌试管,无菌吸管,微量移液器,恒温箱,牛津杯,超净工作台。

3. 药品　含氟哌酸、庆大霉素、多黏菌素 E(B)、青霉素的药敏试验纸片(或 80 μg/mL 氟哌酸药液,50 μg/mL 庆大霉素药液,50 μg/mL 多黏菌素 E(B)药液,50 u/mL 青霉素 G 药液)、MH 培养基、MH 培养基琼脂平板。

四、实验步骤

(1)取预选制备好的 MH 琼脂培养基平板 3 个,以无菌小棉签(或接种环)蘸取金黄色葡萄球菌液(1 mL 菌液约含 3 亿个细菌),然后将其在管壁上旋转几周挤去多余的接种液后,用棉签在 MH 琼脂培养基平板的全部干燥表面划线接种,重复三次。即制得 3 个金黄色葡萄球菌琼脂平板。每次平板旋转 60°,保证接种液均匀分布。用同样方法,再制得大肠埃希菌(大肠杆菌)和铜绿假单胞菌(绿脓杆菌)琼脂平板各 3 个。为了防止混淆,在皿盖上用玻璃铅笔做上标记。

(2)接种后 15 min 内尽快放上各种抗菌药的药敏试验纸片。用无菌小镊子分别取含有氟哌酸、庆大霉素、多黏菌素 E(B)及青霉素 G 的纸片各 1 张(或取牛津杯放置平皿菌层上,定量药液加入杯内,药液与杯面平为准),先后放在一个细菌琼脂平板表面的不同区域(为了位置间隔准确,最好事先在平皿底面用玻璃铅笔做上记号),盖好皿盖。然后,再将其余 8 个细菌琼脂平板也按上法放好药物纸片(或加入药液),盖好皿盖。将它们全部放于孵箱中,37 ℃孵育 24 h。

(3)将孵育 24 h 后的细菌培养皿取出,观察有无抑菌圈,测量皿中各药物纸片(或牛津杯)周围抑菌圈的直径,做好记录并计算出各药抑菌圈直径的平均值。比较各药抑菌直径的平均值,即可比较出各药对金黄色葡萄球菌、大肠埃希菌(大肠杆菌)和铜绿假单胞菌(绿脓杆菌)的体外抗菌作用。

五、实验记录

记录抑菌圈的平均直径于下表:

药物	抑菌圈平均直径(mm)		
	金黄色葡萄球菌	大肠埃希菌(大肠杆菌)	铜绿假单胞菌(绿脓杆菌)
氟哌酸			
青霉素 G			
庆大霉素			
多黏菌素			

六、注意事项

(1)在接种细菌和放置药用纸片时应注意无菌操作,测量抑菌圈时要仔细准确并及时做好记录。

(2)琼脂平板的厚度可影响抑菌圈的大小,一般为 2~3 mm。

(3)药物敏感试验结果判断标准:抑菌圈直径小于 10 mm 为耐药,等于 10 mm 为轻度敏感,在 11～15 mm 之间为中度敏感,大于 16 mm 为高度敏感。

(4)实验用各药物纸片为临床检验所常用,价廉、易购。如欲自制可参考临床检验专著。

七、思考题

(1)喹诺酮类抗菌药的抗菌作用特点是什么? 临床上有哪些用途?

(2)讨论青霉素的抗菌作用机制、主要用途及主要不良反应。

(3)讨论庆大霉素的抗菌作用机制、主要用途及主要不良反应。

(4)讨论多黏菌素 E(B)的抗菌作用机制、主要用途及主要不良反应。

(5)喹诺酮类抗菌药与抗生素类药相比有何优缺点?

附 MH 培养基及 MH 培养基琼脂平板的制备法

近年来 MH(Mueller-Hinton)培养基为各种体外试验所广泛采用,其组成如下:

牛肉粉	300 g
水解酪蛋白	17.5 g
可溶性淀粉	1.5 g

蒸馏水加至 1 000 mL,pH 值调至 7.4±0.2

每升约含 Ca^{2+} 50 mg、Mg^{2+} 25 mg,若加入琼脂 17 g,则为 MH 琼脂平板培养基。

按上述配比称取各试剂于烧杯内,加入蒸馏水加热溶解,调整 pH 值,使其高压灭菌后的 pH 值为 7.4,加蒸馏水至所需体积,放于三角烧瓶内,用棉塞塞好,以 15～20 磅压力灭菌 20 min 后趁热倒入预先灭菌过的培养皿内,平放冷却,即为 MH 培养基琼脂平板。

实验三十四 硫酸链霉素的急性中毒及解救

一、实验目的

观察硫酸链霉素引起小鼠肌肉麻痹及氯化钙的对抗作用。

二、实验原理

氨基糖苷类抗生素用量过大对神经肌肉接头有阻断作用,表现为急性肌肉松弛和呼吸麻痹,严重者因呼吸抑制而死亡,钙剂可拮抗此毒性反应。

三、实验材料

1.动物 小鼠。

2.器材　鼠笼,天平,1 mL 注射器,6 号针头。

3.药品　4‰硫酸链霉素溶液,1‰氯化钙溶液。

四、实验步骤

(1)取健康小鼠 2 只,分别称重标记。观察小鼠正常状态的呼吸、体位、四肢肌张力等。

(2)给药及观察药物反应:1 号小鼠腹腔注射 1‰氯化钙 0.1 mL/10 g,2 号小鼠腹腔注射生理盐水 0.1 mL/10 g。10 min 后分别给 2 只小鼠腹腔注射 4‰硫酸链霉素 0.1 mL/10 g,再次观察小鼠活动情况、呼吸及肌张力变化。对链霉素反应明显的小鼠,立即腹腔注射 1‰氯化钙 0.1 mL/10 g,继续观察小鼠的症状变化。

五、实验记录

记录用药前后小鼠的反应:

小鼠	体重	预处理药物	注射链霉素反应	注射氯化钙反应
1 号				
2 号				

六、注意事项

(1)救治链霉素中毒时,如果氯化钙给药一次疗效不明显时,可追加适当剂量。

(2)本实验可采用家兔,给药量为 2.4 mL/kg,给药方法:链霉素肌肉注射,氯化钙则可采用耳缘静脉注射或肌肉注射,但肌肉注射尚需 10 min 后才出现毒性反应,并逐渐加重。

七、思考题

(1)链霉素的急性中毒表现有哪些方面? 应如何解救?

(2)氨基糖苷类抗生素不良反应有哪些? 使用时注意哪些问题?

实验三十五　氧氟沙星对小鼠体内感染的保护性实验

一、实验目的

了解细菌感染实验的治疗方法的基本过程,掌握药效学体内测定的基本方法,并观察喹诺酮类药物氧氟沙星对感染小鼠的疗效及 ED_{50} 的测定。

二、实验原理

体内抗菌实验法是采用感染致病菌的动物模型(即模拟临床细菌感染疾病)进行抗菌药物实验治疗或预防,对抗菌药效作定量的评价,主要以半数有效量(ED_{50})或半数保护量表示。体内抗菌试验获得的结果与同类抗菌药或具有相似作用的已知有效药物进行比较,并将试验药的ED_{50}与LD_{50}相比较求其治疗指数,为评价药物的有效性与安全性提供参考资料。

三、实验材料

1. 动物　小鼠 30 只,18~22 g,雌雄各半。
2. 器材　注射器(1 mL),天平,鼠笼,小试管,试管架。
3. 药品　大肠杆菌液,苦味酸,氧氟沙星药液(3 mg/kg),2.5%碘酊,70%酒精,5%胃膜素悬液,5%碳酸溶液,生理盐水,消毒棉花,MH 培养基。

四、实验步骤

1. 制备菌液　将保存的大肠杆菌接种于 MH 培养基中,于 37 ℃培养 16~18 h,用平面表面计数法(附1)测定实验感染用的活菌数(如条件一致,则不必每次测定)。将上述菌液用生理盐水以 10 倍顺序稀释为 10^{-1}、10^{-2}、10^{-3}…等不同浓度菌液,再取此不同浓度的菌液 1 mL 加 5%胃膜素悬液 9 mL(附2),即做成浓度为 10^{-2}、10^{-3}、10^{-4}…的菌悬液用。

2. 预试　将不同浓度的菌悬液分别腹腔注射于 3~5 只小鼠,每只 0.5 mL,观察其死亡情况。正式实验时选用最小致死量,即感染后引起小鼠 80%~100%死亡的菌液浓度进行感染。常用病菌的参考用量见本实验附3。

3. 实验治疗　取小鼠 60 只,标号、称重,分成 6 组,每组 10 只,5 组给药,1 组对照。药物的浓度确定:以所给药物的浓度作为中间剂量,按 1:0.7 的比例,向上推两个剂量,向下也推两个剂量,组成 5 个剂量组。对照组为生理盐水。用预试中选定并适当稀释的菌悬液给每只小鼠腹腔注射菌液 0.5 mL,以感染各组小鼠。在给菌液后,立即灌胃给药,按体重折算,一次性给完。然后观察 72 h,记录小鼠的死亡情况。

五、实验记录

实验结果按下表填写并计算该药的半数有效量(ED_{50})及 95%可信限。并根据其半数致死量计算治疗指数。

$$治疗指数 = \frac{LD_{50}}{ED_{50}}$$

药物名称	剂量(mg/kg)	对数剂量 X	动物数(只)	死亡动物数(只)	ED_{50}	95%可信限
受试药物						
对照药物						

六、注意事项

（1）试验所用药的浓度必须要预试，试出恰当的浓度后再进行试验。所用试验菌必须是临床新分离的而且毒性较强的菌。

（2）试验菌必须用胃膜素进行保护，否则影响实验结果。

（3）药物浓度的确定必须严格，不应随意改变，量要给足，否则影响结果。

（4）动物的体重必须严格，否则影响实验结果。

（5）实验中带菌动物应严加管理，严禁逃逸发生。实验结束后，动物的尸体应焚化或放入置有5％的碳酸液缸内，活的动物应立即处死并处理掉，处理完毕必须用碘酊与酒精擦干，用肥皂洗手，以防传播疾病。所有带菌液器材均须灭菌处理。

七、思考题

（1）抗菌药物的体内抗菌实验包括哪些基本步骤，应如何进行？

（2）治疗指数有何意义？

（3）在本实验中能否肯定氧氟沙星对小鼠大肠杆菌感染的疗效？有何根据？

附1　活菌数测定法

将培养基的菌悬液依10倍顺序稀释使其浓度为 10^{-1}、10^{-2}、10^{-3}、…、10^{-8}（即以9 mL无菌生理盐水加1 mL菌悬液为 10^{-1}，依次类推）。选取适当浓度的菌悬液0.1 mL放在MH琼脂培养基平板上，轻轻推开菌液，注意不要碰到平板边缘，以免影响计数。共做三个平皿，都放入37 ℃孵箱，培养18～20 h后计算菌落群数。平板玻璃盖可换为瓦盖（因瓦盖能吸水，可避免细菌在平板上繁殖成一片）。挑选平板上生长30～300个菌落的平板计数。一般取两个平板的平均数进行计算。根据细菌稀释浓度（一般为 10^{-4}、10^{-5}、10^{-6}、10^{-7}）算出每毫升菌液的活菌数。例如 10^{-6} 两个平板上生长菌落数为68个和70个，每毫升有活菌数 690×10^6 个即 6.9×10^8 /mL。

附2　5％胃膜素悬液制备法

称取胃膜素5 g放于研钵内，加少量生理盐水研磨，边研边加生理盐水，最后加至100 mL，于10磅加压10 min灭菌即可，临用时调整其pH值至中性。

附3　做小鼠体内保护实验时常用病菌的接种量

菌株	感染浓度（CFU/mL）	胃膜素稀释后浓度（CFU/mL）	死亡时间
金黄色葡萄球菌	10^{-2}	10^{-3}	24 h内
痢疾杆菌	10^{-1}	10^{-2}	24 h内
大肠杆菌	10^{-3}	10^{-4}	24 h内
变形杆菌	10^{-4}	10^{-5}	24～48 h内
绿脓杆菌	10^{-3}	10^{-4}	48～72 h内

实验三十六 抗菌药物最小抑菌浓度(MIC)的测定
(试管二倍稀释法)

一、实验目的

掌握抗菌药物对细菌的最小抑菌浓度(MIC)的测定方法。

二、实验原理

在肉汤或琼脂平板中将抗菌药物进行一系列二倍稀释后再定量接种检测菌,37 ℃孵育16~24 h后观察。抑制检测菌肉眼可见生长的最低药物浓度为测定药物对检测菌的最低抑菌浓度(MIC)。

三、实验材料

营养肉汤,新鲜牛肉汤,营养琼脂,血清琼脂,大肠杆菌,链霉素。

四、实验步骤

1. 培养基的制备　按常规方法。

2. 药物原液的配制及保存　用分析天平精确称取链霉素后,无菌操作溶于适宜的溶剂如蒸馏水、不同 pH 值的磷酸盐缓冲液中稀释至所需浓度(见附)。

3. 菌液配制　将保存菌种接种于血平板,置37 ℃恒温箱培养(新鲜培养菌种,不必再移血平板),次日挑选单个菌落1或2个接种于 2 mL 肉汤培养基中,置于 37 ℃恒温箱培养16~18 h后取出,吸取上述菌液 0.5 mL,用生理盐水作 10^{-1} 的梯度稀释,取 10^{-5}、10^{-6}、10^{-7} 三个滴度的菌液各 0.1 mL 在营养琼脂或血清琼脂平板上摊开,再培养 16~18 h,然后计算菌落数,要求生长浊度达 9×10^8/mL。

4. 菌液的稀释　上述菌液用营养肉汤或血清肉汤作1：10 000 稀释。

5. 最小抑菌浓度(MIC)的测定　安排13×100 mL 无菌试管一列,共13 支,除第1管加入稀释菌液 1.8 mL 外,其余各管均加入 1.0 mL,然后向第1管加入稀释后的药液0.2 mL,混匀后,吸出 1.0 mL 加入到第2管。同样方法依次稀释至第 12 管,弃去 1.0 mL,第 13 管为生长对照。那么,这 12 支试管的药物浓度分别为:128、64、32、16、8、4、2、1、0.5、0.125、0.06 u/mL。也可根据试验需要增加试管数,浓度类推。每种受试细菌都分别做 4 次重复。稀释完毕后,用塞子盖好试管口,置 37 ℃恒温箱培养 16~24 h 后看结果。

五、实验记录

培养 16~24h 后,取出试管逐支摇匀后观察,以无细菌生长的最低浓度为最低抑菌浓度。如前 10 支管均澄清,第 11 支管开始出现混浊,那么链霉素对大肠杆菌的最小抑菌浓度便是第 10 支管的浓度,即 0.25 u/mL。结果报告为:大肠杆菌对链霉素的敏感度为 0.25 u/mL。如 12 支试管全都有细菌生长,则报告为:大肠杆菌对链霉素的敏感度>128 u/mL(第 1 管的药物浓度),或细菌对链霉素耐药。如除对照管外,全部不生长时,则报告为:细菌对链霉素的敏感度<0.06 u/mL(第 12 管内的药物浓度),或细菌对链霉素高度敏感。

六、注意事项

稀释法的成败与准备工作、操作规范化密切相关。准备工作繁多,操作技术要求严格,对训练有素、熟练的技术人员可以准确获得定量的抑菌作用。

七、思考题

试验二倍稀释法应注意哪些环节才能准确测定 MIC?

附　抗菌药物原液的配制和保存期限

抗菌药物	溶剂	浓度(u/mL) 或 μg/mL)	保存条件及期限 −20 ℃	4 ℃
青霉素 G	pH 值 6.0 磷酸盐缓冲液	1 280	3 个月	1 周
半合成青霉素类	pH 值 6.0 磷酸盐缓冲液	1 280	3 个月	1 周
头孢菌素类	pH 值 6.0 磷酸盐缓冲液	1 280	3 个月	1 周
氨基糖苷类	pH 值 7.8 磷酸盐缓冲液	1 280	3 个月	4 周
四环素类	pH 值 4.5 磷酸盐缓冲液	1 280	3 个月	1 周
多黏菌素 B 硫酸盐	pH 值 6.0 磷酸盐缓冲液	1 280	3 个月	2 周
林可或氯林可霉素	pH 值 7.8 磷酸盐缓冲液	1 280	3 个月	2 周
氯霉素	先用少量乙醇溶解再用 pH 值 6.0 缓冲液稀释	1 280	长期保存	长期保存
利福平	先用甲醇溶解再用蒸馏水稀释	1 280	3 个月	2 周
万古霉素	无菌蒸馏水	1 280	3 个月	2 周
两性霉素 B	无菌蒸馏水	1 280	3 个月	1 周
5-氟胞嘧啶	先用少量二甲基酰胺(DMF)溶解再用蒸馏水稀释	1 280	3 个月	2 周
甲氧苄氨嘧啶	先用 0.1 mol/L 乳酸溶解再用蒸馏水稀释	1 280	长期保存	长期保存
各种磺胺药	先用 NaOH 乳酸溶解再用蒸馏水稀释	25 600	长期保存	长期保存

第九节　特效解毒药实验

实验三十七　有机磷酸酯类的中毒与解救

一、实验目的

观察动物有机磷酸酯类中毒的主要症状和阿托品、解磷定的解毒作用,了解中毒和解毒机理。

二、实验原理

正常情况下,胆碱酯酶在分解乙酰胆碱过程中所形成的乙酰化胆碱酯酶很不稳定,极易进一步水解,分离出乙酸,恢复胆碱酯酶的活性。而有机磷与胆碱酯酶结合后所形成的磷酰化胆碱酯酶性质稳定,因而使胆碱酯酶失去原来水解乙酰胆碱的活性,导致体内乙酰胆碱蓄积过多而中毒。生理解毒剂阿托品能阻断乙酰胆碱对 M 胆碱受体的作用。胆碱酯酶复活剂具有强大的亲磷酸酯作用,能将结合在酶上的磷酸基夺过来,恢复胆碱酯酶的活性,从而解除有机磷的中毒。

二、实验材料

1. 动物　兔与鸡。

2. 器材　毛剪,中镊子,1、5 与 10 mL 注射器,5 号与 6 号针头,瞳孔量尺,台秤,肛表,酒精棉,止血钳,帆布手套,粗天平。

3. 药品　10％敌百虫,0.5％硫酸阿托品,2.5％解磷定。

四、实验步骤

1. 观察与记录动物正常指标　取兔、鸡各 1 只,称好体重,观察与记录其瞳孔、唾液、肠蠕动、大小便、肌肉震颤及精神状态等一般情况。

2. 动物有机磷中毒　给兔缓慢耳静脉注射 10％敌百虫 0.75 mL/kg,鸡肌肉注射 10％敌百虫 0.8 mL/kg 使中毒,约 15 min 和 0.5 h 后观察兔、鸡上述指标有何变化。

3. 解救　待中毒表现明显时,兔耳静脉注射 2.5％解磷定 2 mL/kg,鸡肌肉注射 0.5％阿托品 0.2 mL/kg 进行抢救,观察上述中毒症状哪些能解除、哪些不能解除。然后鸡、兔互换解毒药再行注射。观察中毒症状能否全部解除。

五、实验记录

记录用药前后兔、鸡的反应:

给药前后	动物	瞳孔(mm)	唾液	肠蠕动	大小便	肌肉震颤	精神状态
给药前	兔						
	鸡						
给敌百虫后	兔						
	鸡						
给阿托品后	兔						
	鸡						
给解磷定后	兔						
	鸡						

六、思考题

从动物的有机磷中毒症状说明其中毒机理与解毒机理。

实验三十八　亚硝酸盐的中毒与解救

一、实验目的

观察亚硝酸盐中毒症状,了解亚甲蓝对亚硝酸盐中毒的解救作用。

二、实验原理

亚硝酸盐中毒时,亚硝酸根离子可使血液中亚铁血红蛋白氧化为高铁血红蛋白而丧失携氧能力。亚甲蓝在体内脱氢辅酶的作用下,还原为无色亚甲蓝,后者能将高铁血红蛋白还原为亚铁血红蛋白,重新恢复携氧功能。

三、实验材料

1. 动物　家兔。
2. 器材　5 mL 注射器,8 号针头,镊子,酒精棉,台秤。
3. 药品　3%亚硝酸钠注射液,0.1%亚甲蓝注射液。

四、实验步骤

(1)取家兔 1 只称重,观察正常活动情况,检查呼吸、体温、口鼻部皮肤、眼结膜及耳血管颜色。

(2)按 1~1.5 mL/kg 耳静脉注射 3%亚硝酸钠溶液,检查家兔上述项目的变化情况,待眼结膜出现紫绀现象或口鼻部皮肤呈暗红色时,检查体温。出现典型中毒症状后,立即由耳静脉注射 0.1%亚甲蓝注射液 2 mL/kg,观察中毒症状是否消除。

五、实验记录

记录用药前后家兔的症状:

给药前后	呼吸(次/min)	体温(℃)	口鼻部皮肤及眼结膜颜色	耳血管颜色	精神状态
给药前					
给亚硝酸钠后					
给亚甲蓝后					

六、注意事项

(1)此实验宜选择白色家兔以便观察。

(2)在 15～30 min 内疗效不明显时,可重复注射 1 次;或者耳静脉注射加有维生素 C 的葡萄糖类注射液。

(3)中毒剂量为 0.3～0.5 g/kg,致死剂量为 3 g/kg。

七、思考题

简述亚硝酸盐的中毒原理、中毒症状及亚甲蓝解毒原理。

实验三十九　氟乙酰胺的急性中毒与解救

一、实验目的

观察氟化物中毒症状,了解解氟灵对氟乙酰胺中毒的解救作用。

二、实验原理

1. 中毒机理　氟乙酰胺进入机体后,脱胺形成氟乙酸,氟乙酸经过乙酰辅酶 A 活化,在缩合酶的作用下,与草酰乙酸缩合,生成氟柠檬酸。氟柠檬酸的结构与柠檬酸相似,但它却是正常代谢柠檬酸的对抗物,可阻断柠檬酸的代谢,并且氟柠檬酸可抑制乌头酸酶活性,使糖代谢反应中止,三羧循环中断。组织和血液中柠檬酸蓄积,使三磷酸腺酐(ATP)生成受阻,导致严重中毒。

2. 解毒机理　乙酰胺进入机体后,水解为乙酸,与氟乙酰胺竞争某些酶(如酰胺酶),使之不能产生氟乙酸,于是氟柠檬酸的生成即受到限制,从而起到解毒作用。本品与半胱氨酸合用效果更好。

三、实验材料

1. 动物　家兔。

2. 器材　5 mL 注射器,8 号针头,镊子,酒精棉,台秤。

3. 药品　氟乙酰胺(FAA)或氟乙酸钠(1 080,SFA),解氟灵。

四、实验步骤

(1)取家兔 1 只称重,观察正常活动情况,检查呼吸、体温、口鼻部皮肤、眼结膜及耳血管颜色。

(2)按 0.3～0.4 mg/kg 耳静脉注射氟乙酰胺(FAA),检查家兔上述项目的变化情况,当躁动不安、呕吐、胃肠机能亢进、乱跑、鸣叫、惊恐、突然倒地、全身震颤、四肢划动、全身阵发性痉挛时后,立即按体重 0.1 g/kg 肌肉注射解氟灵。首次用量为常用药量的 1 倍,观察中毒症状是否消除,否则,以 1/4 量逐渐增加。

(4)可做阳性试验(如果未知 FAA 中毒)。将呕吐物、胃内容物或内脏组织用甲醇与水的混合液(7:3)提取,提取液加 5% 铁氰化钾试剂。若呈现粉红色反应,即为有机氟物阳性。

五、实验记录

记录给药前后家兔的症状:

给药前后	呼吸(次/min)	体温(℃)	口鼻部皮肤及眼结膜颜色	耳血管颜色	精神状态
给药前					
给氟乙酰胺后					
给解氟灵后					

六、注意事项

(1)如出现中枢神经系统的症状,动物产生痉挛与抽搐时,应配与氯丙嗪或巴比妥类的安定药镇静,以缓解症状。

(2)肌注解氟灵配合静脉注射葡萄糖酸钙 5～10 mL 是有益的。

(3)镇静可用氯丙嗪及安定等;解除呼吸抑制,可用尼可刹米;解除肌肉痉挛,可静脉注射葡萄糖酸钙。

(4)乙酰胺中毒动物的心脏常遭受损害,静脉注射必须十分缓慢,否则,常加速中毒动物的死亡。首次用量常用药量的一半。

七、思考题

分析氟乙酰胺中毒及解氟灵解毒的机理。

参 考 文 献

[1]　丁全福.药理实验教程.北京:人民卫生出版社,1996

[2]　章元沛.药理学实验.第2版.北京:人民卫生出版社,1995

[3]　钱之玉.药理学实验与指导.第2版.北京:中国医药科技出版社,2003

[4]　徐淑云.药理实验方法学.北京:人民卫生出版社,1982

[5]　吴艳.药理学实验指导.北京:人民军医出版社,2004

[6]　汪晖,吴基良.药理学实验.武汉:湖北科学技术出版社,2002

[7]　谢联金.兽医药理学实验指导.北京:中国农业大学出版社,1999

[8]　田淑琴.兽医药理学实验.成都:四川大学出版社,1990

[9]　浙江医科大学药学系主编.药理学实验.北京:人民卫生出版社,1985

[10]　洪缨,张恩户.药理学实验教程.北京:中国中医药出版社,2005

[11]　胡爱萍.机能药理学实验教程.杭州:浙江大学出版社,2004

[12]　沃格尔 H G.药理学实验指南.北京:科学出版社,2001

[13]　王仁安.医学实验设计与统计分析.北京:北京医科大学出版社,1999

[14]　白波.医学机能学实验教程.北京:人民卫生出版社,2004

[15]　王庭槐.生理学实验教程.北京:北京大学医学出版社,2004

[16]　刘善庭.药理学实验.北京:中国医药科技出版社,2003

[17]　章元沛.药理学实验.第2版.北京:人民卫生出版社,1996

图书在版编目(CIP)数据

兽医药理学实验教程/孙志良,罗永煌主编.—北京:中国农业大学出版社,2006.2(2008.1重印)

(普通高等教育"十一五"国家级规划教材)

ISBN 978-7-81066-984-9

Ⅰ.兽…　Ⅱ.①孙…②罗…　Ⅲ.兽医学:药理学-实验-高等学校-教材　Ⅳ.S859.7

中国版本图书馆 CIP 数据核字(2007)第 200213 号

书　名	兽医药理学实验教程		
作　者	孙志良　罗永煌　主编		
策划编辑	潘晓丽	责任编辑	韩元凤
封面设计	郑　川	责任校对	王晓凤　陈　莹
出版发行	中国农业大学出版社		
社　址	北京市海淀区圆明园西路 2 号	邮政编码	100193
电　话	发行部 010-62731190,2620	读者服务部	010-62732336
	编辑部 010-62732617,2618	出　版　部	010-62733440
网　址	http://www.cau.edu.cn/caup	E-mail	caup@public.bta.net.cn
经　销	新华书店		
印　刷	北京时代华都印刷有限公司		
版　次	2006 年 2 月第 1 版　　2014 年 7 月第 5 次印刷		
规　格	787×1 092　16 开本　6 印张　151 千字		
定　价	15.00 元		